Gudrun Pausewang

Es ist doch alles grün …

Gudrun Pausewang, geboren 1928 in Wichstadtl in Böhmen, zählt zu den bedeutendsten deutschen Kinder- und Jugendbuchautorinnen. Ihre Bücher wurden vielfach ausgezeichnet, u. a. mit dem Deutschen Jugendliteraturpreis.

Von Gudrun Pausewang sind in den Ravensburger Taschenbüchern außerdem erschienen:

RTB 362 Und dann kommt Emilio
RTB 768 Auf einem langen Weg
RTB 969 Friedens-Geschichten
RTB 1646 Die Prinzessin springt ins Heu
RTB 1747 Ich hab einen Freund in Leningrad
RTB 4018 Die Not der Familie Caldera
RTB 4022 Der Streik der Dienstmädchen
RTB 4031 Ich habe Hunger – Ich habe Durst
RTB 4032 Die letzten Kinder von Schewenborn
RTB 4044 Etwas läßt sich doch bewirken
RTB 4054 Die Wolke
RTB 4049 Das Tor zum Garten der Zambranos

RTB 4000 Über Gudrun Pausewang (Hrsg. Gabriele Runge)

Gudrun Pausewang

Es ist doch alles grün …

Umweltgeschichten nicht nur für Kinder

Mit Bildern
von Maria Satter

Ravensburger Buchverlag

Als Ravensburger Taschenbuch Band 1910
erschienen 1994

Die Erstausgabe erschien 1991
im Ravensburger Buchverlag Otto Maier GmbH

Umschlagillustration: Maria Satter

Gesamtherstellung: Ebner Ulm
Printed in Germany

5 4 3 2 1 94 95 96 97 98

ISBN 3-473-51910-3

Inhalt

Vorwort

Das Thema *Umweltzerstörung als globale Bedrohung der menschlichen Existenz* treibt mich schon seit langem um.

Nicht nur der große Störfall in Tschernobyl, auf den ich, tief betroffen, mit meinem Jugendroman „Die Wolke“ reagierte, sondern auch viele kleine und oft dem Alltag entnommene Anstöße haben mich im Lauf der letzten Jahre veranlaßt, die vorliegenden Texte zu verfassen. Dem Motiv „Kinder erziehen Erwachsene“ gab ich dabei besonderes Gewicht. Denn auf die Macht und Kraft der Kinder setze ich große Hoffnung.

Ich schrieb die meisten Texte für bestimmte Veranstaltungen, in denen ich vor Schülern und Bücherei-Lesern verschiedener Altersgruppen, aber auch vor Mitgliedern von Bürgerinitiativen las. Daraus erklärt sich, daß sich manche der hier vorliegenden Texte schon an sehr junge Leser richten, andere für die Zielgruppe Jugendliche gedacht sind, wieder andere sich in ihrer ganzen Dimension vielleicht nur Erwachsenen erschließen. Im übrigen ist manche Botschaft an die Großen auch in den Geschichten für Kleine enthalten.

Einige wenige der Texte dieses Buches sind bereits in Anthologien oder Zeitschriften erschienen. Ich habe sie trotzdem auch hier mit aufgenommen, weil sie wichtige Aspekte des Gesamtproblems abdecken, um das es mir geht.

Vielleicht ist diese oder jene Geschichte imstande, Denkprozesse auszulösen, die, umgesetzt in Taten, dem Schutz der Umwelt und unserem Überleben dienen.

Schlitz, den 23. Januar 1991

Gudrun Pausewang

Ich werd mal so wie Onkel Sepp

In der Schule bin ich schlecht, das muß ich zugeben. Mich interessiert eben nicht, wovon die Lehrer reden. Schnittmenge und Substantiv und H_2O und netto und brutto und Prozente und Achtelnoten und das ganze Zeug, unter dem man sich nichts vorstellen kann. Ich stelle mir gern was vor. Ich langweile mich nie, auch nicht in der Schule, weil ich mir immer was vorstelle. Aber in der Schule werde ich oft dabei gestört. Die Lehrer sind so aufdringlich. Sie können sich nicht daran gewöhnen, daß ich das, womit sie uns auf den Wecker fallen, nicht für so wichtig halte wie sie. Immer wieder reden sie auf mich ein: daß ich das alles unbedingt brauche für mein späteres Leben, für den Beruf und so. Ohne gute Leistungen kein gutes Zeugnis, ohne gutes Zeugnis keine Lehrstelle, ohne Lehrstelle keinen Arbeitsplatz, ohne Arbeitsplatz kein Geld, kein Ansehen, keinen Lebenssinn. Na, das Übliche.

Aber die Lehrer sind nur in diesem Lernkram so aufdringlich. Vielleicht würde ich mir noch Mühe geben, sie zu verstehen, wenn sie mir mal übers Haar streichen oder mir die Hand auf die Schulter legen würden. Oder wenn sie Michi statt Michael zu mir sagen würden. Wenn sie so zu mir wären, wie Onkel Sepp zu seinen Bäumen ist.

Ich brauche das alles nicht, was ich in der Schule lernen soll. Ich habe auch keine guten Noten nötig. Ich weiß doch schon längst ganz genau, was ich machen werde, wenn ich groß bin. Das ist es ja, was ich mir in der Schule immer vorstelle, und ich stelle mir's gern vor, weil's so schön ist: Ich werde mein Leben lang Bäume pflanzen.

Ich habe doch den Onkel Sepp in Bellenbach, der ist mein Großonkel. Bei dem bin ich immer in den Schulferien. Der freut sich auf mich, und ich freue mich auf ihn. Wenn mich da einer hindern wollte, in den Ferien hinzufahren, dem würde ich an die Kehle springen! Aber meine Eltern haben gar nichts dagegen, daß ich zu ihm fahre. Da haben sie ihre Ruhe. Ich strapaziere sie nämlich zu sehr, und ich enttäusche sie immer wieder. Das kriege ich bei jeder Gelegenheit zu hören.

Der Onkel Sepp, der hält viel von mir und mag mich. Darin ist er so ziemlich der einzige. Und ich bin wohl auch der einzige, der viel von ihm hält und ihn mag. In Bellenbach sagen sie, er hätte eine Meise und er wäre nicht ganz bei Trost und er leiste nichts und hätte seinen Hof verlottern lassen. Faul und verrückt. Jedenfalls nicht so wie die anderen Leute.

Ich kenne ihn besser als die Bellenbacher. Er ist weder ein Faulpelz noch ein Idiot. Er will sich nur nicht so abrackern und stressen lassen. Er sagt, dazu sei das Leben viel zu schade. Und er sagt, es gebe viel wichtigere Dinge als den Arbeitslohn und was man sich damit kaufen kann. Und Wichtigeres als das Ansehen. Da ließe er sich nicht hineinreden, egal, was sie von ihm dächten.

Er hat ein Bein ab. Das ist im letzten Krieg passiert. Jetzt hat er ein Holzbein und kriegt eine Rente. Und er hat ein kleines Haus mit einem Stall und einer Scheune im Tal zwischen Bellenbach und Kasparshausen, ganz einsam. Nicht einmal eine Straße geht dort durch, nur ein breiter Feldweg.

Onkel Sepp hat vor vielen Jahren eine Frau und ein Kind gehabt. Einmal wollte ihn die Frau mit dem Kind besuchen, als er wegen dem Bein im Lazarett lag. Aber auf der Fahrt dorthin ist ihr Zug von einer Bombe zerfetzt worden, gerade als er in einem Bahnhof hielt. Beide sind umgekommen. Seitdem hat der Onkel Sepp nicht mehr geheiratet.

Es ist ziemlich unordentlich bei ihm, das muß man zugeben. Sein Bett macht er so gut wie nie, und er trinkt immer aus derselben Tasse. Die schwenkt er jedesmal nur unter dem Wasserhahn aus, und fertig. Seine Kleider riechen auch nicht gerade nach Lenor. Doch, doch, manchmal macht er große Wäsche, an sonnigen, windigen Tagen. Dann wäscht er gleich einen ganzen Haufen Wäsche auf einmal, auch alles, was er anhat, außer der Unterhose. Im Hochsommer wäscht er auch die. Dann läuft er ganz nackt herum, bis die Wäsche wieder trocken ist. Das macht ihm gar nichts aus.

In seinem Haus sei noch alles so wie vor vierzig

Jahren, sagt er. Richtig gemütlich, mit einem Fußboden aus Holzbrettern und einem Kochherd mit einem langen Rohr quer durch die Küche. Auf dem Dachboden hat er eine Wanne stehen, weil's bei Regen durchtropft. Er traut sich nicht mehr aufs Dach. Ihm wird schwindlig. Weil er doch schon über siebzig ist. »Das kannst du dir später selber reparieren«, sagt er.

Ja, das habe ich fest vor. Und neu verputzen will ich das Haus auch. Der Mörtel bröckelt schon.

Im Stall standen früher mal fünf Kühe. Jetzt hat er nur noch zwei Ziegen. Aber was für Ziegen! Malchen und Kathrinchen. Sie sind gut genährt und haben ein glattes Fell, und sie genießen es, wenn er sie unterm Kinn kitzelt.

Außer den Ziegen hat er nur noch Bienen. Drei Bienenstöcke hinterm Haus. Den ganzen Frühling und Sommer über schwärmen Onkel Sepps Bienen zwischen den Schmetterlingen und Libellen um die Hecken und über die Auwiesen. Er sagt, schon seit vielen Jahren sei er von keiner Biene mehr gestochen worden. »Wie ich zu ihnen bin, so sind sie zu mir«, meint er.

Das ganze Tal von Bellenbach bis fast nach Kasparshausen gehört ihm. Über zwei Kilometer Auwiesen rechts und links vom Bach bis an die Feldränder. Die Felder, die noch dazugehörten, hat er schon vor langer Zeit verkauft oder verpachtet. Aber die Auwiesen hat er nicht hergegeben. Die hätte auch niemand haben wollen. Denn für die Leute aus

Bellenbach oder Kasparshausen taugen sie nichts. Sie sind feucht und stehen in jedem Frühjahr ein paar Tage unter Wasser. Schilf und Binsen wuchern darauf, und auch Wollgras gibt's da. An den Bachufern wachsen Erlen und Weiden. Auf beiden Talseiten geht ein leichter Hang hinauf. Am Wiesenrand, dort, wo die Felder anfangen, ziehen sich dichte Hecken entlang. Da kommt niemand so leicht durch, da wächst Stachliges: Himbeeren, Brombeeren, Weißdorn, Heckenrosen. Und viele Birken und Fichten und Eichen und Eschen stehen dazwischen. Ja, und die Haselsträucher nicht zu vergessen.

Die Hecken sind voller Vogelnester und Igel und Wildkaninchen, und in den Auwiesen wimmelt es nur so von Fröschen und Kröten und Wildenten. Manchmal stehen Störche oder Reiher im Schilf. Und Ringelnattern gibt es da auch.

Onkel Sepp schießt keine Wildkaninchen und keine Wildenten. Er hat kein Gewehr. Er sagt, er habe im Krieg für sein Lebtag genug schießen müssen. Und er erlaubt auch niemand anderem, auf seinen Auwiesen zu jagen oder Tiere zu fangen. Nur solche Leute läßt er drauf, die Tiere beobachten wollen.

Vor ein paar Jahren hat er seine Ziegenlämmer noch selbst geschlachtet, aber das macht er jetzt auch nicht mehr. »Ich bring's nicht mehr übers Herz«, sagt er. »Wie könnte ich danach das Kathrinchen unterm Kinn kraulen?« Er verschenkt sie: an ziegenliebe Familien oder an das Kinderheim in Breckendorf, das auch eine kleine Landwirtschaft hat. »Wenn sie alt sind – gut, dann müssen sie sterben«, sagt er. »Aber sie sollen wenigstens ein Ziegenleben lang gelebt haben.«

Hinter dem Haus hat er einen Obstgarten: drei Pflaumenbäume, drei Kirschbäume, vier Birnbäume und fünf Apfelbäume. Im Herbst helfe ich ihm immer ernten. Das ist das reinste Fest. Ich klettere in den Ästen herum und pflücke, und er nimmt mir vorsichtig ab, was ich ihm reiche.

Sie tragen nicht immer gleich viel, Onkel Sepps Obstbäume. Aber die Ernte ist jedesmal so groß, daß Onkel Sepp noch eine Menge Obst verkaufen kann. Viele Leute kaufen Obst bei ihm. Es ist wirklich wunderschönes Obst. Ich weiß auch, warum er das schönste Obst in der ganzen Umgebung hat: Er geht nämlich den ganzen Sommer lang immer wieder von Baum zu Baum, tätschelt jeden Stamm und sagt: »Brav, brav, mein Lieber«, und wenn dem alten Boskop fast die Äste brechen, so überladen, wie er meistens ist, stützt ihn der Onkel Sepp ab und murmelt dabei: »Ja, ja, bist ein Guter. Übernimm dich nur nicht, alter Freund.«

Seine Lieblinge sind aber die jungen Obstbäume, die er selber aus Schößlingen gezogen und gepropft hat. Ganze Reihen hat er davon. Er macht nie Reklame. Aber nicht nur von Bellenbach und Kasparshausen, sondern auch von weiter her kommen Leute, die junge Obstbäume haben wollen. Sie kommen zu ihm, weil sie hoffen, später mal genauso gutes Obst ernten zu können, vor allem aber, weil er kein Geld für die Bäume verlangt. Er stellt nur eine Bedingung: Er selber will sie pflanzen. Und so holen sie ihn samt den jungen Bäumen ab und fahren ihn zu ihren Gärten. Aber es ist schon oft vorgekommen, daß er ein Bäumchen wieder heimbrachte, ohne es zu pflanzen. Denn er pflanzt seine Bäume nur dorthin, wo sie Platz und Licht und die Erde haben, die ihnen bekommt. Darin läßt er sich nicht beschwatzen. Manchmal gab's deshalb schon richtigen Krach, zum Beispiel mit dem Besitzer des Supermarkts in Kasparshausen. Der wollte einen Apfelbaum zwischen Wohnhaus und Garage geklemmt haben, noch dazu in puren Bauschutt. Davon hatte er Onkel Sepp natürlich nichts erzählt, aber der hat's ihm ordentlich gegeben! Und der Supermarktbesitzer konnte dem Onkel Sepp nichts anhaben, weil der ja kein Geld für den Baum haben wollte. Nur hat er ihn aus Wut nicht heimgefahren. Der Onkel Sepp hat mit dem Baum zu Fuß heimwandern müssen, mit dem Holzbein. Aber mit dem kann er fast so gut laufen wie mit seinem echten.

»Du bist schon ein verrückter Kerl«, hat einmal der Postbote zu ihm gesagt. »Was könntest du für ein Geld machen mit deiner Obstbaumzucht, wo du doch eine so gute Hand für Bäume hast!«

»Würdest du deine Kinder verkaufen? Für Geld?« antwortete ihm der Onkel Sepp.

»Das ist doch was ganz anderes«, sagte der Postbote.

»Was dir deine Kinder sind, das sind mir meine Bäume«, meinte der Onkel Sepp.

Da schüttelte der Postbote nur noch den Kopf. Aber ich verstand ihn, den Onkel Sepp. Und je älter ich werde, desto klarer wird mir, daß er der einzige normale Mensch ist unter lauter Verrückten. Ich finde es gar nicht verrrückt, daß er sich über die frischgepfropften Bäumchen beugt, mit den Fingerspitzen über die Propfwunden streicht und leise sagt: »Die Natur macht's schon, mein Kleiner. Du mußt nur den Willen dazutun.«

Ich finde es auch nicht verrückt, wenn er im zeitigen Frühjahr mit dem Spaten an seinen Hecken und Bachufern entlanggeht und Schößlinge ausgräbt – ganz behutsam, um die Wurzeln so wenig wie möglich zu verletzen. Dann ist er tagelang in der ganzen Umgebung unterwegs und pflanzt Bäume. Er pflanzt sie auf kahle Hänge neben den Straßen, auf Feldraine, sogar an Wegränder mitten in den Dörfern. Er pflanzt sie überall hin, wo einmal Bäume waren oder wo sie schön aussähen oder wo man dankbar wäre für ihren Schatten. Er pflanzt Erlen an Bachufer und Birken an Spazierwege, Eichen an den Rand des langweiligen Fichtenwaldes und Kiefern in die sandige Böschung, in die das letzte Unwetter tiefe Furchen gezogen hat.

Im Spätherbst macht er das Ganze noch einmal. Zweimal im Jahr. In den Herbstferien und in den Osterferien, wenn sie früh liegen, helfe ich ihm dabei. Ich trage ihm die Schößlinge und darf auch

schon pflanzen. Es hat lange gedauert, bis er mir das Pflanzen erlaubt hat. Ich war ihm anfangs zu grob mit den Wurzeln. »Behandle den Baum so, als sei er du«, hat er mal zu mir gesagt.

Er fragt nicht danach, wem das Land gehört, in das er seine Bäume pflanzt. Meistens gehört es irgendwelchen Bauern, aber manchmal auch dem Staat oder der Gemeinde. Über die Hälfte seiner Bäume wird wieder herausgerissen, abgeschnitten, zertrampelt, verschüttet. Aber fast die Hälfte bleibt stehen und wächst an. Denn vielen Leuten ist es egal, was auf ihren Wiesen, ihren Wegrändern, ihren Rainen wächst, und es gibt auch Leute, die sich über Onkel Sepps Bäumchen freuen. Bäume pflanzen, das kostet ja Zeit und Geld. Wenn's einen Verrückten gibt, der's gratis für einen macht – na bitteschön!

»Schau«, sagt der Onkel manchmal zu mir, »ich bin der Vater von dieser Hecke, und dort die drei Birken stammen auch von mir.«

Schon fast zwanzig Jahre lang pflanzt der Onkel Sepp Bäume, und seine Bäume pflanzen sich wieder fort. Jetzt wachsen schon überall in der Umgebung von Bellenbach und Kasparshausen mehr Bäume und Sträucher als rund um die anderen Dörfer, die weiter weg liegen. Richtig freundlich sieht's da jetzt aus. »Lieblich« hat ein Tourist unsere Landschaft genannt. Das hat der Postbote dem Onkel Sepp erzählt.

Früher hat der Onkel Sepp oft Scherereien mit den Bellenbachern und Kasparshausenern gekriegt, wenn er seine Bäume pflanzte. Manchmal wurden sogar die Hunde auf ihn gehetzt. Aber nie hat ihn ein Hund gebissen. Er redet nämlich mit ihnen. Dann lassen sie sich von ihm sogar streicheln. Wenigstens die meisten.

Seit Bellenbach aber den Preis im Wettbewerb *Unser Dorf soll schöner werden* bekommen hat, sehen die Leute Onkel Sepps Bäume auf einmal anders. Weil doch das Dorf jetzt so richtig im Grünen liegt. Der neue Bürgermeister hat den Onkel Sepp in einer Sitzung des Ortsverschönerungsvereins gelobt und gesagt, einen guten Teil des Preises hätte das Dorf ihm zu verdanken. Und man solle ihn nur ja auch weiterhin seine Bäume pflanzen lassen, ja, man solle ihm das nachmachen!

Ich glaube nicht, daß ihm das viele Bellenbacher und Kasparshausener nachmachen werden. Es ist ihnen zu mühsam. Und wenn sie's auch täten, so wär's wohl nur dafür, daß sie mehr Sommerfrischler ins Dorf kriegen. Sommerfrischler bringen Geld. Wenn sie's aber nur wegen dem Geld tun, dann werden wohl nicht viele von ihren Bäumchen anwachsen. Denn die spüren das, sagt der Onkel Sepp.

Mir ist es egal, ob Touristen nach Bellenbach und Kasparshausen kommen. Bei mir wachsen sie jedenfalls an, die Schößlinge. Zwischen den beiden Dörfern, wo die Landstraße oben am Berg die große Doppelkurve macht, wuchert schon eine richtige kleine Hecke von mir. Die hab ich gepflanzt, als ich neun Jahre alt war. Jetzt bin ich dreizehn.

Noch fünf Jahre, dann kann ich machen, was ich will. Dann ziehe ich zum Onkel Sepp und lasse mich, wenn's sein muß, von der ganzen Welt für faul und verrückt erklären. Ich werde weiterpflanzen, wenn der Onkel Sepp nicht mehr kann. Ich werde weit über die Gemarkung von Bellenbach und Kasparshausen hinauswandern, in die vielen Dörfer, die nie einen Onkel Sepp gehabt haben, und werde auch dort die Landschaft »lieblich« machen. Vielleicht werden bis dahin auch die Kasparshausener und die Bellenbacher soweit sein, daß sie Bäumchen pflanzen, ohne über die Mühe und die verlorene Zeit zu knurren.

Vielleicht hat sich bis dahin die ganze Welt geändert und setzt dem Onkel Sepp ein Denkmal, ein hohes aus Marmor mit Stufen und Sockel. Auf dem steht vielleicht:

Dem
grossen
Onkel Sepp,
der auch mit der stummen Kreatur
zärtlich umging,
in Dankbarkeit
und Zärtlichkeit!

oder noch geschwollener, wie solche Denkmaltexte eben sind.

Aber das sind nur Bilder, die ich mir ausdenke, während die Lehrer vorn an der Tafel irgendwas erklären, was ich mir nicht vorstellen kann. Mein Vater nennt so was Phantastereien.

Wenn ich das mit dem Denkmal dem Onkel Sepp erzähle, bekomme ich sicher nur ein Gelächter von ihm zu hören. Aus Denkmälern macht er sich nichts.

Natascha

Drei Wochen lang hat Natascha bei uns gewohnt. Vati und Mutti haben sie, wenn sie mit Bekannten über sie sprachen, immer nur »unser Tschernobyl-Kind« genannt. Sie hat dunkelblondes Haar und braune Augen und sieht nicht anders aus als die Kinder in meiner Schule. Nur viel blasser. Sie ist schon ein paarmal für meine Schwester gehalten worden. Ich hab auch braune Augen, aber mein Haar ist etwas dunkler.

Natascha spricht nicht Deutsch, sondern Russisch. Sie kommt nämlich aus der Sowjetunion. Aber als sie wieder abreiste, konnte sie schon ein paar Wörter Deutsch, zum Beispiel »ja«, »nein«, »bitte« und »danke«. Sogar »auf Wiedersehen« konnte sie sagen. Aber dafür hab ich erst eine Weile mit ihr üben müssen.

Natascha lebt in der Ukraine. Das ist ein Teil der Sowjetunion. Opi hat gesagt, die Ukraine sei eine schöne, fruchtbare Ebene, wo es riesige Sonnenblumen- und Weizenfelder gibt. Er muß es wissen, denn er war im Krieg dort.

Natascha ist nicht weit von Tschernobyl zu Hause. Dort ist doch vor ein paar Jahren, an einem 26. April, der Atommeiler ausgebrannt, und dabei ist die ganze Gegend um Tschernobyl radioaktiv verseucht worden. Deshalb werden jedes Jahr im April im Fernsehen Sendungen darüber gebracht, was dort passiert ist und was für Folgen das hat. Omi wird dann oft ärgerlich, weil die Berichte über verseuchte Nahrung und Blutkrebs, verkrüppelte Babys und Kälbermißgeburten so schrecklich sind. Ich schau sie mir alle an, weil ich ja Bescheid wissen will, was los ist. Aber sie will sie nicht sehen. Das mache so traurig. Und dann schaltet sie so lange um, bis sie irgendwo einen Happy-end-Film findet.

Viele Dörfer und Städte rund um Tschernobyl wurden nach diesem Unfall evakuiert. Das heißt, alle Leute, die bisher dort gewohnt hatten, wurden – nur mit dem Nötigsten in den Koffern – in Bussen weggefahren und irgendwo anders untergebracht. Fast alles mußten sie in ihren Wohnungen zurücklassen. Die Haustüren wurden zugeschlossen.

Ich hab mal im Fernsehen das Innere so einer verlassenen Wohnung gesehen. Da saß eine Puppe in der Sofaecke, auf dem Küchentisch stand noch eine schmutzige Schüssel, und eine Wanduhr war um halb zwölf stehengeblieben.

Ich glaube, wenn ich mit Vati und Mutti, Omi und Opi plötzlich aus unserem Haus fortmüßte, fort von meinen Spielsachen, von unseren Möbeln, und wenn wir ganz woanders weiterleben müßten, wo alle fremd sind und alles anders riecht und der Horizont anders ist, und wenn mir klar würde, daß wir nicht mehr heimdürfen, dorthin, wo mein Teddy auf meinem Bett sitzt – dann wüßte ich nicht, was ich machen soll vor Traurigkeit.

Natascha und ihre Eltern und Geschwister haben ihre Wohnung nicht verlassen müssen. Die kleine Stadt, in der sie wohnen, liegt zwar nahe bei Tschernobyl, aber nicht *ganz* nahe. Man könnte meinen, sie hätten Glück gehabt.

Das hab ich am Anfang auch gedacht. Inzwischen bin ich mir dessen aber nicht mehr so sicher. Denn Natascha und alle Kinder in ihrem Ort dürfen nicht im Sandkasten buddeln, nicht im Freien baden, nicht im Wald sein und nicht auf den Straßen oder in den Gärten herumtoben. Sie dürfen überhaupt nicht draußen sein, denn draußen ist alles verseucht. Eigentlich müßte die ganze oberste Erdschicht in der näheren und weiteren Umgebung von Tschernobyl abgetragen und mit unverseuchter Erde ausgetauscht werden. Aber das läßt sich ja nicht machen.

Deshalb dürfen sich die Kinder nur in Räumen aufhalten – sommers wie winters, tags und nachts. Sie dürfen höchstens in Busse steigen und aus Bussen wieder aussteigen. Und dann schnell, schnell hinein in die Häuser!

Ich hab viel darüber nachgedacht. Und ich bin mit dem Denken so weit gekommen, daß ich jetzt meine, es wäre dann doch besser, eine so ganz und gar verseuchte Gegend zu verlassen. Auch wenn die Puppe in der Sofaecke oder der Teddy auf dem Bett zurückbleibt.

Natascha war nicht allein hier in Deutschland. Viele Kinder aus ihrer Stadt und aus anderen verseuchten Dörfern und Städten sind mit ihr gekommen. Hier bei uns kann man sich noch im Gras wälzen und durch die Wälder wandern. Deswegen haben meine Eltern und andere Erwachsene aus Deutschland die Kinder aus der Gegend von Tschernobyl eingeladen, und Mutti hat mich mit Natascha jeden Tag hinausgeschickt, sogar wenn's genieselt hat. Damit sie's richtig auskosten konnte, das Draußensein.

Natascha hat sich oft ins Gras gelegt. Sie war auch ganz verrückt aufs Baden im Freibad und hat nicht genug kriegen können vom Erdbeerpflücken und Kirschenpflücken. Bis in die Dunkelheit hinein ist sie draußen herumgewieselt, hat geschnüffelt und im Sand gewühlt, Blumen gepflückt und Laubhütten gebaut. Und wie sie gelacht hat!

Alle Tschernobyl-Kinder wurden gleich am ersten Tag, nachdem sie angekommen waren, in der Klinik untersucht. Auch unsere Natascha. Was danach in den Zeitungen stand, klang gar nicht gut. Ich hab's nicht verstanden, weil zu viele Arztwörter drin waren, zum Beispiel »Immunsystem« und »Schilddrüsenhyperplasie«, »Leukämie« und »Dosis«. Aber Vati las es Mutti vor, und Mutti sagte mit ihrem traurigsten Gesicht: »Die armen Kinder!« Als ich wissen wollte, was über Natascha und die anderen drinstand, haben sie's mir erklärt: daß diese Kinder doch sehr viel von der Verseuchung abgekriegt hätten und daß ihre Gesundheit so angegriffen sei, daß sie viel leichter als andere Kinder krank würden.

»Viele von ihnen werden nicht alt werden«, sagte Mutti.

»Und Natascha?« hab ich da erschrocken gefragt.

»Wir wissen es nicht«, war Vatis Antwort.

Natascha weiß Bescheid. Meistens haben wir mit dem Gregor zusammen gespielt. Der hat auch mal in Rußland gelebt, aber seine Eltern sind Deutsche. Sie sind mit ihm aus der Sowjetunion nach Deutschland gezogen, für immer. Der Gregor kann also Deutsch und Russisch sprechen. Der hat mir immer übersetzt, was Natascha gesagt hat.

Einmal hab ich ihm gesagt, er soll sie mal fragen, was sie später werden will. Da hat sie geantwortet: »Tierärztin – wenn ich dann noch lebe.« Und ein anderes Mal hat sie mir – über Gregor – erzählt, daß sie später mal, wenn sie erwachsen ist, von dort wegziehen will, wo man nicht draußen spielen darf. Und Gregor vergaß nicht zu übersetzen, was sie noch dazusagte: »– wenn ich dann noch lebe.« Auf dem Bahnhof war Gregor auch mit dabei, als die Tschernobyl-Kinder wieder heimreisten. Er hatte ganz rote Backen, weil er hierhin und dorthin gerufen wurde und immerzu übersetzen mußte. Natascha und mir hat er aber am meisten geholfen. Ich hab ihn zu Natascha sagen lassen: »Komm im nächsten Sommer wieder, Natascha!« Dazu hat Mutti heftig genickt und hat Gregor gebeten, Natascha zu übersetzen, daß wir ihr die Reise bezahlen werden.

Gregor hat alles übersetzt. Da hat Natascha gelächelt und hat uns umarmt, auch Gregor, und hat gesagt: »Gern. Sehr gern – wenn ich dann noch lebe.«

Mutti hat mir erzählt, daß die deutschen Kinder in den ersten Tagen nach der Tschernobyl-Katastrophe auch nicht in den Sandkästen spielen und sich ins Gras legen durften. Ein paar verseuchte Wolken waren nämlich von Tschernobyl bis zu uns gezogen und hatten sich über unserem Land leergeregnet. Für ein paar Wochen durften Babys keine Muttermilch mehr trinken, weil sie verseucht war; Bauern mußten ganze Felder voll Spinat unterpflügen, weil er viel vom verseuchten Regen abbekommen hatte; und wer eine Wohnung betreten wollte, mußte sich die verseuchten Schuhe ausziehen. Aber nach einem Vierteljahr war der ganze Spuk vorbei, und alles war wieder wie früher.

Wir haben, glaub ich, viel Glück gehabt, damals.

Der Mensch

Warum nehmen wir uns
so überaus wichtig?
Unsere Gattung ist schließlich,
wie andere auch,
überaus nichtig.
»Der Mensch?« wird Gott,
sich erinnernd, fragen.
»Ein faszinierender Entwurf,
den meine Phantasie erfand.
Ich träumte ihn – und er entstand.«
Dann wird er nachdenklich lächeln
und sagen:
»Ich liebte ihn. Er war mir nah.
Doch nur Sekunden meiner Ewigkeiten
war er da,
bis er, wie andere Gattungen auch,
verschwand ...«

Werdet arm!

Als es die Menschen in Übermut und Maßlosigkeit so weit getrieben hatten, daß Wälder, Böden und Gewässer starben, die Winter keine Winter mehr waren, die schützende Hülle um die Erde zerriß, wurde ihnen klar, daß es so nicht weitergehen konnte. Da stiegen sie auf einen Berg und riefen in den Himmel hinauf: »Hallo, Gott, wir haben unseren Planeten abgewohnt! Wir brauchen einen neuen – aber bitte bald! Und natürlich nur ein Exemplar erster Qualität. Das bist du uns schuldig. Denn wir sind ja – wenn wir dich daran erinnern dürfen – die Krone deiner Schöpfung. Mindestens doppelt so groß wie die Erde sollte der neue schon sein, weil wir uns – wie dir sicher nicht entgangen sein wird – enorm vermehrt haben. Dein Sortiment an Planeten ist ja unerschöpflich. Deshalb können wir davon ausgehen, daß auch für uns das Passende darunter sein wird: ein menschengerecht ausgestatteter, strapazierfähiger Stern für gehobene Ansprüche.«

Da spielte ein Nordlicht über den Himmel, und eine Stimme antwortete, widerhallend im Gewölk: »Die Erde ist euer Planet und bleibt euer Planet. Einen anderen gibt es für euch nicht!«

Die Menschen erschraken, und sie warfen die Köpfe in die Nacken und schrien: »Das kann nicht dein Ernst sein! Wir haben unsere Erde doch verbraucht. Wie, um alles in der Welt, sollten wir sie dazu bringen, sich zu erneuern?«

»Ganz einfach«, sagte die Stimme. »Nehmt eure Ansprüche zurück!«

»Das kannst du uns nicht zumuten!« riefen die Menschen empört.

Aber soviel sie auch lärmten, sie bekamen keine Antwort mehr von oben. Da blieb ihnen nichts anderes übrig, als von dem Berg herunterzusteigen.

Nach langen Beratungen verzichteten sie von nun an auf beheizte Swimming-Pools, Pelzmäntel, Golfplätze, Goldschmuck und feierten sich als opferbereite Helden.

Aber die Wälder, Böden und Gewässer starben weiter, die Kinder kannten Schneeflocken nur noch aus Bilderbüchern, und die Ozonlöcher wurden immer größer.

Da stiegen die Menschen noch einmal auf den Berg und riefen in den Himmel: »Herrgott, wir haben getan, was du uns geraten hast. Trotzdem steht es um unseren Planeten schlechter als zuvor. Was haben wir falsch gemacht?«

Es wetterleuchtete in den Wolken, dann ertönte die Stimme, lauter als beim ersten Mal: »Es scheint, ich muß mich deutlicher ausdrücken: *Werdet bescheiden!*«

Tief erschrocken antworteten die Menschen:

»*Noch* bescheidener? Nur *das* nicht! Gibt es keine andere Möglichkeit, zu überleben?«

Aber die Stimme schwieg.

In düstere Gedanken versunken, stiegen die Menschen vom Berg herab und beschlossen, künftig auf Kaviar, Sekt, Fitneßcenter, elektrische Zahnbürsten und Silvester-Feuerwerk, ja sogar auf Erdbeeren im Winter und künstlichen Schnee auf den Pisten zu verzichten. Das taten sie auch. Sie taten sogar noch mehr: Sie wuschen ihr schmutziges Geschirr mit der Hand! Diese freiwillige Einschränkung erfüllte sie mit großer Genugtuung.

Aber von vielen Wäldern standen jetzt nur noch traurige Strünke, das Grundwasser sank, in den nördlichsten und südlichsten Gefilden der Erde flohen die Menschen vor der Sonne, deren gefährliche Strahlen dort durch keine Ozonschicht mehr zurückgehalten wurden, und wo früher Weizenfelder gewogt hatten und Weinstöcke gediehen waren, begann das Land zu verkarsten.

Da ergriff die Menschen große Angst. Sie stiegen wieder auf den Berg, verneigten sich tief und jammerten: »Allmächtiger! Wir haben deinen Rat befolgt, aber die Erde wird trotzdem von Tag zu Tag weniger bewohnbar. Gib uns einen anderen Rat, einen taugliCheren!«

Diesmal erscholl die Stimme so laut, daß die Menschen ihre Köpfe einzogen: »Es gibt für euch nur diesen einen Rat: *Werdet genügsamer!*«

»Allerhöchster«, klagten die Menschen, »wir

haben unseren Lebensstandard doch schon so weit heruntergeschraubt! *Noch* weiter – das ist nicht machbar!«

Aber die Stimme war nicht mehr zu bewegen, noch einmal zu antworten. Und so stiegen die Menschen niedergeschlagen vom Berg und verzichteten von nun an auf die Zweit- und Drittwagen, die Zweit- und Drittfernseher und die Zweit- und Dritthäuser und duschten oder badeten sich nur noch dreimal in der Woche und aßen nur noch an drei Wochentagen – außer an den Sonntagen – Fleisch. Diese Bescheidung kostete sie viel Überwindung.

Aber ihre Hoffnung, daß sich ihr Planet dadurch zu erholen begänne, erfüllte sich nicht. Die Wüsten dehnten sich nur etwas langsamer aus, die Bäume verdorrten etwas später als vorausgesagt, die Polkappen schmolzen etwas zögerlicher als erwartet, und die Menschen rund um den Globus mußten etwas später als befürchtet tagsüber Brillen tragen und ihre Haut bedeckt halten, um sich vor den Sonnenstrahlen zu schützen.

Da stiegen die Menschen, zutiefst verzweifelt, wieder auf den Berg und heulten: »Lieber Gott! Mit deinem Rat kommen wir nicht klar.«

Mit furchtbarem Donnergetöse antwortete die Stimme: »Es gibt keinen klareren Rat als den: *Werdet arm!*«

»Ach«, klagten die Menschen, ganz betäubt von dem Lärm und sehr kleinlaut, »wir haben freiwillig auf so vieles verzichtet, daß wir unsere jetzige

Lebensweise kaum noch mit unserer Menschenwürde vereinbaren können. Trotzdem verkommt die Erde weiter. Aber ohne sie sind wir verloren. Rette sie, lieber Gott, bitte, rette sie!«

»Gut«, antwortete die Stimme sehr ruhig und so leise, daß sie nur wie ein Säuseln zu vernehmen war, »geht heim. Wenn *ihr* die Erde nicht rettet nach meinem Rat, werde *ich* sie retten.«

Da atmeten die Menschen auf, lobten Gott, kehrten erleichtert in ihre Häuser zurück, legten die Hände in den Schoß und warteten.

Sie brauchten nicht lange zu warten. Mit unerhörter Geschwindigkeit überzogen die Wüsten große Teile der Kontinente. Flüsse trockneten aus, das Grundwasser sank so tief, daß die Städte nicht mehr genug Wasser für ihre Bewohner hatten, die Polkappen schmolzen, daß das salzige Meer weite Landstriche überschwemmte, die letzten Wälder welkten dahin. Und auf den Äckern, die noch nicht Wüste geworden waren, wuchs fast nichts mehr.

In Panik flohen die Menschen hierhin und dahin, nach Schatten suchend, nach Wasser lechzend, nach Nahrung winselnd. Es entbrannten wilde, grausame Kriege um die wenigen Landstriche, in denen es sich noch leben ließ. Unzählige Menschen brachten einander um, unzählige verhungerten, verdursteten oder starben durch die Sonne. Die großen Städte versanken in Schutt und Asche, die Dörfer verödeten, viele menschliche Ansiedlungen wurden vom Meer überspült.

Als sich der Rauch der Kriege, der den Erdball lange umhüllt hatte, endlich verzog, zeigte sich, daß von je tausend Menschen nur noch einer lebte. Die Überlebenden hatten sich in die Täler jener Flüsse geflüchtet, die noch Wasser führten. An den Ufern bauten sie einfache Hütten, tranken Flußwasser, badeten sich im Fluß, wuschen ihre Wäsche im Fluß und bewässerten ihre Felder mit Wasser aus dem Fluß. Wollten sie einen anderen Ort erreichen, mußten sie zu Fuß wandern. Brauchten sie Schuhe, mußten sie sie selber machen. Wollten sie Milch trinken oder Fleisch und Eier essen, mußten sie sich selber Ziegen, Schweine und Hühner halten. Auch die Seife mußten sie selber herstellen, ebenso wie die Kerzen. Sie konnten höchstens Seife gegen Kerzen oder Eier tauschen. Um den Winter zu überstehen, mußten sie Weizen und Rüben anbauen, mußten Schafe halten für die Wolle, die sie wieder spinnen und weben lernten, mußten Holz sammeln. Kurz: Sie lebten so arm wie die Armen vor zweitausend Jahren.

Die Erde aber erholte sich zusehends. Es fuhren ja keine Autos mehr, keine Tanker, keine Eisenbahnen, es flogen keine Flugzeuge mehr. Keine Fabriken und keine Kraftwerke waren mehr in Betrieb. Wiesen und Gestrüpp überwucherten Straßen und Ruinen. Wälder wurden wieder grün, breiteten sich aus, saugten das Grundwasser aus der Tiefe. In Flüssen und Meeren tummelte sich wieder allerlei schuppiges Getier in kristallklarem Wasser. Die Winter wurden kühler, Schnee fiel. Und irgendwann konnten die Menschen wieder unbedeckt der Sonne begegnen.

Den Berg erklärten die Überlebenden zum Heiligtum. Sie erklommen ihn und riefen: »Gott, wir danken dir dafür, daß du unsere Erde wieder ergrünen und gesunden ließest!«

Da spielte das Nordlicht über den Himmel, und die Stimme tönte aus den Wolken: »Das hättet ihr auch selber geschafft, ihr Menschen – und zwar ohne Milliarden von Toten! – wenn ihr nur früh und ernsthaft genug meinen Rat befolgt hättet.«

Die Menschen nickten und gedachten ihrer Toten. Dann kehrten sie, zufrieden mit ihrem Los – vielleicht glücklicher, als wir Jetzigen je glücklich zu sein imstande sind –, in ihre Täler, ihre Hütten zurück und plagten sich weiter ums tägliche Brot.

Was hinter ihnen lag, gerann zu einer Sage.

Das Sommerau-Projekt

Vor etwa achtzehn Jahren eröffnete Familie Sommerau in der Außentorgasse einen kleinen Laden: Mutter Sommerau stand hinter der Theke und verkaufte Wasser und Erde. Kein verchlortes Wasser aus der Wasserleitung, kein verschmutztes Wasser aus dem Bach, in dem längst alle Fische krepiert waren, und auch keine Erde aus Sommeraus Garten oder aus der Baugrube an der Ecke. Nur garantiert unverseuchte Ware, »rein wie am Schöpfungstag«, wie im Schaufenster auf blauem Grund über einem leuchtendbunten Regenbogen zu lesen stand.

Mutter Sommerau bot die Erde in bauchigen Tonurnen mit Deckel an, das Wasser in Tonflaschen. Urnen und Flaschen hatte sie in verschiedenen Größen und Ausführungen vorrätig, und jedem Gefäß war ein Zertifikat beigefügt, das absolute Reinheit bescheinigte.

Woher die Sommeraus Erde und Wasser bezogen? Aus einem windgeschützten, unbewohnten Hochalpental, das sie einmal auf einer Wandertour entdeckt hatten. Zweimal im Jahr holten – mit einem gemieteten Lastwagen – die Sommerau-Söhne Hannes, Bastian und Gero neue Erde und neues Wasser aus den Alpen. Mit dem Lastwagen erreichten sie natürlich nur ein Dorf in der Nähe des Tales. Von dort aus mußten sie mit Rucksäcken und Kiepen zum Tal hinaufkraxeln. Lasttiere zu verwenden lehnten sie ab. Den Sommeraus war die Reinheit ihrer Ware höchstes Gebot. Sie wollten nichts gemein haben mit Geschäftsleuten, die das Vertrauen ihrer Kunden mißbrauchen und ihnen das Blaue vom Himmel herunterlügen. Lieber schleppten sie sich also ab, statt zu riskieren, daß ihre Lasttiere Erde und Gewässer des Tales verunreinigten. Und garantiert saubere Transportbehälter waren für sie eine Selbstverständlichkeit. Dafür gaben sie eine Menge Geld aus.

Anfangs hatten die Passanten ihren Spaß an Sommeraus Laden. Sie spähten ins Schaufenster, lasen, fingen an zu lachen, schlugen sich auf die Schenkel vor Heiterkeit. Aber es gab doch ein paar Leute, die gingen hinein und kauften eine Urne reiner Erde oder eine Flasche reinen Wassers als sinniges Geschenk für Geburtstag, Weihnachten oder Neujahr.

Die Sommeraus zeigten Geschick und Phantasie beim Einpacken, so daß ihre Ware, als Geschenk herausgeputzt, wunderschön anzusehen war. Außerdem wurde die Verpackung den höchsten Ansprüchen der Umweltschützer gerecht. Denn die Sommeraus verwendeten nur Umweltpapier und Fäden aus Wolle. Und das Zertifikat, geschrieben auf Karton, der nach einem uralten Verfahren aus Holz und alten Lumpen hergestellt wurde, hing in einem handbedruckten Jutebeutel an jedem Päckchen.

Natürlich waren Sommeraus Artikel nicht billig. Denn für den Laden arbeitete die ganze Familie. Die wohnte in einer alten Papiermühle, in der Vater Sommerau das Umweltpapier und den Zertifikat-Karton herstellte.

Sohn Hannes war Töpfer. In seiner Werkstatt entstanden die Flaschen und Urnen. Er setzte seinen ganzen Stolz darein, jede Flasche ein bißchen anders als die anderen Flaschen aussehen zu lassen und jede Urne ein bißchen anders als die anderen Urnen zu formen und zu verzieren.

Tochter Hella, Chemikerin, prüfte nicht nur die Reinheit des Wassers und der Erde, sondern auch die des Tons, den ihr Bruder für die Flaschen und Urnen verwendete. Wenn sie nicht gerade prüfte, half sie Bruder Hannes beim Töpfern oder ihrem Vater in der Papiermühle.

Tochter Hanna war Graphikerin. Sie schrieb die Zertifikate in kunstvoller gotischer Schrift mit Federkiel. Und sie bedruckte die Jutebeutel, die die Mutter nähte, wenn der Laden geschlossen war.

Sohn Bastian versorgte die sieben Schafe, die die Wolle für die Bindfäden lieferten, und die fünf Bienenvölker, denen die Sommeraus das Wachs für die Siegel auf den Zertifikaten verdankten. Er verspann auch die Wolle zu Fäden und färbte sie leuchtend bunt. Und er mischte das Wachs mit allerlei Ingredienzien, bis es – hart genug – zum Siegeln taugte.

Sohn Gero aber, der Jüngste, besorgte den Haushalt für die große Familie.

Anfangs lief das Geschäft nur schleppend. Aber die Sommeraus lebten sehr genügsam aus ihrem großen Garten und von den Eiern ihrer Hühner. So kamen sie irgendwie über die Runden. Und es dauerte nicht lange, da lachte niemand mehr über die Sommerau-Artikel, denn sie wurden zum Hit. In einer Zeit, da alle alles besaßen und Schenken zur Qual geworden war, freute man sich über neue Geschenkideen. Und die Sommerau-Artikel waren so wunderbar symbolisch!

Im dritten Jahr nach der Ladeneröffnung stieg die Nachfrage so stark an, daß die Sommeraus Hilfskräfte einstellen mußten. Es wurde Mode, jedem neugeborenen Kind eine Urne reiner Erde und eine Flasche reinen Wassers zu schenken. Die Sommeraus versandten ihre Ware in ganz Deutschland, ja sogar ins Ausland. (Deutsche in Nord- und Südamerika bestellten deutsche Erde, deutsches Wasser. Aber das hatten die Sommeraus nicht im Angebot, weil es *reine* deutsche Erde und *reines* deutsches Wasser nicht mehr gab.) Sie konnten sich jetzt eigene Lastwagen leisten, mit denen sie jede zweite Woche Nachschub aus dem Alpental holten. Dort hatten sie inzwischen einen ganzen Hang mit zwei Quellen gekauft – für einen lächerlichen Preis. Sie bauten eine große Töpferwerkstatt mit modernen Brennöfen neben die Mühle und bezogen die Räume eines Kaufhauses in der Hauptgeschäftsstraße, das pleite gemacht hatte. Und statt sieben Schafen besaßen sie jetzt zwanzig.

Sie überwachten weiterhin streng die Reinheit ihrer Ware. Und kein staatlicher Prüfer, der ab und zu in Stichproben ihre Erde, ihr Wasser untersuchte, stieß auf Ergebnisse, die auf Täuschung der Kundschaft hätten schließen lassen. Die Käufer konnten sich auf die Sommerau-Artikel verlassen.

Im fünften Jahr aber entdeckte Tochter Hella entsetzt, daß das Wasser aus dem Alpental nicht mehr rein war. Die Brüder entnahmen Proben aus beiden Talhängen, brachten sie mit vagen Hoffnungen heim. Aber keine Probe entsprach mehr den hohen Reinheitsansprüchen der Sommeraus. Hatte der saure Regen das Tal erreicht? Trieben die Ausdünstungen der Industrie bis in diese Höhen hinauf?

In aller Eile begannen die Sommeraus nach anderen Plätzen zu suchen, an denen die Welt noch in Ordnung schien. Für ein halbes Jahr fanden sie ein noch sauberes Bergmassiv im nördlichsten Zipfel Norwegens. Danach fiel Europa aus. Dieser Kontinent war hoffnungslos verschmutzt.

Norwegen-Wasser und Norwegen-Erde waren natürlich schon etwas teurer geworden. Der Transport von dort dauerte ja viel länger als der aus den Alpen. Und noch teurer wurde die Sommerau-Ware, als sie aus dem Hochgebirge Boliviens eingeführt werden mußte. Doch zum Erstaunen der Sommeraus ließ das Interesse der Kundschaft nicht nach. Im Gegenteil. Es gab Leute, die legten sich ganze Vorräte von Urnen und Flaschen an, denn sie ahnten schon, was nach weiteren zehn Jahren wirklich eintrat: daß es auf der ganzen Erde, rund um den Globus, keinen Tropfen ungefilterten reinen Wassers und kein Körnchen natürlicher reiner Erde mehr gab.

Ja, so kam's. Nachdem auch Bolivien ausgefallen war, ging es noch eine Weile mit einer besonders abgelegenen Gegend auf der Insel Baffin nördlich der Hudson Bay in Kanada weiter. Um diese Zeit kam – nachdem Mutter Sommerau schon während der beiden Bolivien-Jahre an Hautkrebs verstorben war – Sohn Bastian bei einem Verkehrsunfall ums Leben. Und Tochter Hannas Arbeitskraft fiel zeitweilig ganz aus, weil sie von lästigen Allergien rätselhaften Ursprungs geplagt wurde. Die Einstellung neuer Mitarbeiter wurde notwendig.

Und die Leute kauften und kauften. Vor den Sommerau-Filialen bildeten sich lange Schlangen. Es herrschte Torschlußpanik, obwohl die Ware, nachdem die kanadische Quelle versiegt war, von der Insel Navarino, südlich von Feuerland, eingeführt wurde und sich dementsprechend verteuerte. Seit den Anfängen im Alpental hatten sich die Preise verzehnfacht.

Da die Sommeraus schon absehen konnten, daß es auch auf Navarino nicht mehr lange dauern konnte, bis Wasser und Erde verschmutzt sein würden, charterten sie einen Frachter, um noch für eine Weile mit Wasser und Erde eingedeckt zu sein.

Alle Abteilungen des Sommerau-Unternehmens arbeiteten auf Hochtouren. Diese Hektik und die heimliche Angst vor dem Aus kosteten Vater Sommerau das Leben: Er starb an einem Herzinfarkt. Kurz darauf mußte Navarino aufgegeben werden.

Eine schwache Hoffnung setzte Tochter Hella, die Chemikerin, noch auf den Südpol. Unter dem Eis ist ja Festland – zumindest an vielen Stellen. Aber ihre Zuversicht platzte wie eine Seifenblase, als sie feststellen mußte, daß auch dort Eis, Wasser und Erde, soweit erreichbar, nicht mehr rein waren.

So war eines Tages Schluß mit Sommeraus garantiert reinem Wasser, garantiert reiner Erde. Sammler bezahlen inzwischen ein paar tausend Mark für eine ungeöffnete Sommerau-Urne oder -Flasche mit Zertifikat. Und die Preise dafür werden noch steigen, ähnlich wie die von Fossilien.

Ob die Sommeraus pleite machten? Vielleicht zu Sozialhilfeempfängern wurden oder inzwischen als Penner durch unsere Lande ziehen? Aber nein. Sie stellten ihren Betrieb rechtzeitig um auf Kassetten. Sie boten jetzt Stille an. Stille mit Naturgeräuschen. Alles ganz echt, nicht im Studio gefertigt: Rocky-Mountains-Stille mit Vogelgezwitscher, Pyrenäen-Stille mit Grillengezirp, Tatra-Stille mit fernem Donnergrollen, Alaska-Stille mit Wolfsgeheul, Hochalpen-Stille mit Wildbachgeplätscher und so weiter. Eine ungeheure Auswahl, keine Aufnahme wie die andere und alle mit Zertifikat – auch hier galten Reinheit und Ehrlichkeit als allerhöchstes Gebot. Entsprechend großartig war der Verkaufserfolg der Sommeraus.

Von denen gab es allerdings nur noch zwei. Hanna hatte ihrem allergiegeplagten Leben selbst ein Ende gesetzt, und Gero starb an Leukämie. Aber Hella und Hannes waren sehr tüchtig, sie stellten neue Mitarbeiter ein und machten weiter. Abwechselnd reisten sie mit einem Stab von Helfern in der Welt herum und nahmen Stille auf. Bis Hella im vergangenen Jahr von einer Geröll- Lawine erschlagen wurde. Da hatte Hannes, der letzte Sommerau, genug. Er entließ alle Mitarbeiter bis auf eine Auszubildende, die er heiratete, verkaufte das Unternehmen und zog mit seiner Frau in die Mühle, in der seitdem kein Papier mehr hergestellt wird. Die Schafe behielt er noch eine Zeitlang, weil er sich dachte, seine Kinder würden gern mit ihnen spielen. Doch als er erfuhr, daß seine Frau und er keine Kinder bekommen könnten, gab er sie auch fort, verschenkte sie.

Wovon die beiden jetzt lebten? Hannes nahm immer noch Stille auf, nachts zwischen zwei und drei Uhr, wenn keine Tiefflieger unterwegs waren und kein Verkehrslärm von den Straßen hereindrang. Diese wenigen Kassetten bettete er in liebevoll getöpferte viereckige Behältnisse. Vor einem halben Jahr bin ich mal dort gewesen. Ich besitze nämlich auch eine Sommerau-Sammlung und wollte sie mit Hannes' neuesten Kreationen vervollständigen. Aber er führte nur noch einen einzigen Artikel, der dazu sündhaft teuer war: Kassetten mit Stille pur. Und seine Tonbehälter gefielen mir auch nicht. Ich ging, ohne etwas gekauft zu haben.

Gestern erzählte mir allerdings eine gute Bekannte, sie sei erst vor ein paar Tagen in der Mühle gewesen, und dort habe sich allerlei verändert. Wenn es stimmt, was sie berichtete – und ich habe keinen Grund, an ihrer Schilderung zu zweifeln –, haben Hannes und seine Frau einen kleinen Äthiopier und ein niedliches Zigeunermädchen adoptiert und besitzen wieder Schafe. Und Stille-pur-Kassetten gibt es nicht mehr. Überhaupt keine Kassetten. Hannes töpfert jetzt Tassen, Teller, Schüsseln und Krüge. Aber er hat nicht viel Kundschaft, obwohl er die Preise niedrig hält.

Ich glaube, ich gehe morgen mal hinaus zur Mühle und kaufe mir eine große Schüssel. Ich erwarte diesen Sommer eine gute Erdbeerernte aus meinem Garten.

Nein, rein sind die Früchte natürlich nicht, sie wachsen ja unter dem sauren Regen, und aus dem Boden ziehen sie sicher auch allerlei Gifte. Rein ist nichts mehr.

Aber ich werde sie mir trotzdem schmecken lassen.

Süsses Leben

Ach, süßes Leben,
du unbändiges,
du triumphales!
Schon nicht mehr
Selbstverständlichkeit,
nicht mehr Verheißung –
Erinnerung nur noch:
Legende, von der Großmutter
dem Enkelkind erzählt,
das atemlos
mit großen Augen lauscht
und das Gehörte,
Unerhörte
berauscht verwandelt
in den schönsten Traum.

Werbung

Nimm Persil bei Naselaufen!
Katzen würden Pampers kaufen.
Mein Pal? *Dein* Pal? – Na, na, na:
Pal ist für uns alle da!

Köstlich: Bac und Dentabella,
zubereitet mit Sanella!
Und bei Arbeit, Sport und Spiel,
was macht da mobil? – Nur Pril!

Bist verkalkt du, nimm Calgon,
doch vielleicht hilft Duplo schon.
Ata-Reisen: Schnell! Die Buchung!
Knorr – die zarteste Versuchung . . .

Meister Proper, Gott sei Dank,
packt dir Schauma in den Tank.
Und Domestos mit Aroma
gibt der Zahnarzt seiner Oma.

Koche nur mit Kukident!
Und wenn's dir im Magen brennt:
Ajax, Esso, Kitekat –
ja, da weiß man, was man hat!

Manna

Wenn heutzutage Manna vom Himmel fiele – du lieber Gott, wer würde das Zeug denn essen? Man könnte ja auch gar nicht alles auffangen. Das meiste fiele auf die Erde. Etwas essen, was schon auf der Erde lag? Brrrr! Bin ich ein Hund?

Und überhaupt: Wer weiß, wie so was schmeckt. Mein Vater sagt immer: »Was alle essen, kann nicht gut sein. Qualität ist teuer.« Im Restaurant wählt er kein Gericht, das unter zwanzig Mark kostet. Für ihn müßten mindestens Lammfilets vom Himmel fallen, wenn es ihn interessieren sollte.

Meine Mutter hätte was ganz anderes gegen das Manna einzuwenden. »Wer weiß, wie alt dieses Gekrümel schon ist«, würde sie sagen. »Kein Verfallsdatum zu sehen. Und keine Angaben über die Zutaten. Das ist gegen das Lebensmittelgesetz. Eigentlich sollte man's anzeigen.« Im übrigen macht sie grade wieder 'ne Abmagerungskur, weil sie zehn Pfund zuviel auf die Waage bringt. Das Manna soll ja süß sein. Süßes ißt sie jetzt nicht während der Kur, höchstens, wenn es mit Süßstoff gesüßt ist.

Bei meinem Bruder Ralf hätte dieses Himmelsfutter nur Chancen, wenn es salzig und fettig und gefrittet herunterkäme. Mit einem Klacks Ketchup. Er ernährt sich fast nur von Pommes und Kartoffelchips aus der Tüte.

Und ich? Ich ginge nur dran, wenn's Gummibärchen wären. Die eß ich echt gern. Die zieh ich mir von morgens bis abends rein. Wenn es Gummibärchen regnen würde, könntet ihr mich rennen sehen. Die würd ich auch vom Asphalt aufheben. Man kann sie ja waschen. Aber ich dürfte mich nicht dabei sehen lassen. Meine Eltern haben was gegen Gummibärchen. Wegen den Zähnen. Und überhaupt.

Auch vor Frau Rattelbach von nebenan müßte ich mich in acht nehmen. Die sagt immer: »Vorsicht ist geboten. Trau keinem, der Lebensmittel erzeugt. Das meiste, was die uns andrehen wollen, ist pure Chemie.«

Und meine Lehrerin würde die Hände über dem Kopf zusammenschlagen, wenn ich ihr von diesem Mannaregen erzählen würde. »Vom Himmel gefallen?« würde sie entsetzt rufen. »Dann ist das Zeug womöglich radioaktiv verseucht!«

Nein, wenn Gott sein Manna loswerden wollte, müßte er's schon über der Sahelzone abwerfen, oder über Äthiopien, wo die Hungerlager sind. Dort könnte er die Leute noch begeistern.

Aber hier bei uns? Nein danke.

Wir sind Besseres gewöhnt.

Die Hinrichtung

Am Donnerstag trafen sich drei Herren unter dem großen Kastanienbaum neben dem Bankgebäude, dort, wo der neue Parkplatz hinkommen sollte. An diesem Tag lebte er noch, der Baum, war noch so schön wie eh und je, warf Schatten und spreizte seine Fingerblätter. Die Herren starrten in seine Krone hinauf, tauschten Meinungen aus, betrachteten fachmännisch seinen Stamm mit den mächtigen Wurzelansätzen. Dann nickten sie sich zu, schüttelten einander die Hände, stiegen in ihre Wagen und fuhren in verschiedene Richtungen davon.

Noch am Donnerstagnachmittag erschienen ein paar Arbeiter und legten die Wurzeln des Baumes rund um den Stamm bloß und machten auf ihnen Zeichen mit weißer Kreide. Und an der einen Ecke des zukünftigen Parkplatzes begann eine Planierraupe zu arbeiten. Viele Leute kamen vorüber, durchquerten den Schatten des Kastanienbaumes, sahen die entblößten Wurzeln. Aber niemand blieb stehen, niemand fragte. Nur drei Schulkinder, Erst- oder Zweitkläßler, beugten sich über die Wurzeln und wunderten sich.

Am Freitagmorgen wurde dann eine große Dreh-

leiter an den Baum herangefahren. Der Baum schrie nicht, als ein Mann mit einer Motorsäge an ihm hochkletterte. Niemand schrie, als er einen Ast nach dem anderen absägte. Eine junge Frau mit einem Kinderwagen und drei alte Männer blieben stehen und schauten interessiert zu. Die Motorsäge kreischte, krachend stürzten die schweren Äste auf den Boden, splitterten, begruben das leuchtend grüne Laub unter sich. Als der Mann mit der Motorsäge wieder von der Leiter stieg, stand nur noch der Stamm. Ein Lastwagen kam, die Äste wurden in handliche Stücke gesägt, aufgeladen und weggefahren.

Um halb eins schloß die Bank. Mittagspause. Die Bankangestellten gingen heim. Alle kamen an dem verstümmelten Kastanienbaum vorbei. Niemand schrie. Nur ein ganz junger Mann, ein Lehrling noch, sagte leise: »Schade drum.« Um zwei Uhr kamen sie wieder zurück, einer nach dem anderen, gingen stumm vorbei, verschwanden in der Bank.

Ein Gewitter zog auf. Sturm wirbelte die Blätter hoch, die am Vormittag beim Abtransport der Äste abgefallen und welkend liegengeblieben waren. Wieder erschien der Mann mit der Motorsäge, diesmal ohne Leiter. Ein paar Arbeiter begleiteten ihn. Er durchsägte Wurzel für Wurzel nahe am Stamm. Die Arbeiter wurden nervös, denn der Himmel verfinsterte sich immer mehr, und es wetterleuchtete. Hastig vollbrachten sie den Rest des Auftrags: Knapp über dem Boden wurde der Stamm durchgesägt. Unter zuckenden Blitzen kippte er und fiel. Donner krachte. Das geschah um die vierte Stunde.

Dann begann es in dicken Tropfen zu regnen. Bald goß es in Strömen. Der Mann mit der Säge und die Arbeiter flüchteten in die Eingangshalle der Bank. Ein Wolkenbruch entlud sich. Ein Blitz schlug in den nahen Kirchturm ein.

Als es aufhörte zu regnen, wurde der Stamm weggeschafft. Und jetzt ist sein Platz längst planiert und asphaltiert; ein Fremder kann nicht ahnen, daß da jemals ein schöner, gesunder Kastanienbaum gestanden hat – ein Baum, der achtzig Jahre brauchte, um so groß zu werden, ein Baum, der niemandem etwas Böses getan hatte.

Der nur im Weg gewesen war.

Es ist doch alles grün …

Pia und ihre Eltern wollen diesmal im Schwarzwald Urlaub machen. Schon lange hat Mutti von einem Schwarzwald-Urlaub geschwärmt. Ihre Großtante hat bei Baiersbronn gewohnt, dort hat Mutti manchmal ihre Schulferien verbracht.

Jetzt ist die Großtante schon lange tot, aber der Schwarzwald ist noch da, und Mutti möchte ihn gern wiedersehen. Diese herrlichen Wälder! Und nun haben sie vor, einfach ins Blaue hinein zu fahren und sich südlich der Hornisgrinde, vielleicht aber auch in der Nähe von Baiersbronn oder Freudenstadt, ein Quartier zu suchen.

Sie fahren mit dem Zug nach Baden-Baden. Ihre Fahrräder reisen mit. Und dann strampeln sie in den Schwarzwald hinein: vorneweg Vati, in der Mitte Pia, hinten Mutti.

Kein Wölkchen zeigt sich am Himmel, der so blau ist, daß er gar nicht mehr blauer sein könnte. Und weil die drei nicht im Auto sitzen, können sie auch die Vögel zwitschern hören.

Pia wartet jetzt darauf, daß auch Vati und Mutti zu singen anfangen. Das tun sie im Urlaub oft: immer wenn sie sich so richtig wohl fühlen.

Aber anscheinend fühlen sie sich doch nicht richtig wohl. Denn sie singen nicht. Vati schaut nach rechts und nach links und schüttelt den Kopf. Aber da gibt es nur hohen Wald zu sehen. Was stört ihn daran?

Jetzt dreht er sich um und ruft Mutti zu: »Schau dir das an – nicht zu fassen!«

»Ja«, hört Pia Mutti traurig antworten, »ich hab's auch schon bemerkt. Sieht schlimm aus.«

»In der Zeitung stand's ja schon oft«, sagt Vati, »aber *so* schlimm hab ich's mir nicht vorgestellt.«

Pia kann beim besten Willen nichts Schlimmes entdecken.

»In zwanzig, dreißig Jahren ist er tot«, sagt Mutti.

»Wer?« fragt Pia erschrocken.

»Der Wald«, sagen Vati und Mutti gleichzeitig. Und Vati fügt hinzu: »Schau mal in die Wipfel.«

Pia schaut hinauf, läßt ihren Blick prüfend über die Wipfel der hohen Fichten gleiten. Und nun sieht sie's auch: Sie wirken welk. Schlapp hängen die Zweige herab, wie Lametta, und sie sind so schütter, daß überall der Himmel durchschimmert.

»Wipfel müssen voll und dicht sein«, sagt Vati.

»Das ist ein einziges großes Sterben«, sagt Mutti.

»Ein lautloses«, sagt Vati.

In düsterem Schweigen radeln sie weiter.

»Wenn die Bäume schreien könnten«, denkt Pia, »was wäre das hier auf den Bergen für ein Lärm!«

Nach einer Weile kommen sie an einen See. Neben einem Hotel stehen drei Busse, um einen

Kiosk drängen sich Touristen, Volksmusik schallt aus einem Radio. Auf einem Parkplatz reihen sich Autos aneinander. Ein buntes, fröhliches Bild.

Pia und ihre Eltern schieben ihre Räder zum Seeufer.

»Hier bin ich oft gewesen, damals«, erzählt Mutti. »Zum Fische füttern.«

»In diesem Wasser regt sich nicht mehr viel«, meint Vati.

Rings um den See ragt hoher Wald auf: große, stattliche Fichten. Ihre Wipfel sind allesamt krank.

»Wie wird es hier aussehen, wenn ich eines Tages mit meinen Kindern herkomme?« denkt Pia bang.

Ein paar Leute schlendern lachend und lärmend vom Kiosk herüber: drei Männer in Lederhosen, eine dicke Frau in einem Dirndl. Sie halten Pappteller in den Händen, darauf dampfen Rostbratwürste. Ab und zu tunken sie die Würste in Senf, beißen ab, kauen und wischen sich die Lippen.

»Kaiserwetter heute«, sagt der eine.

»Was für eine Landschaft«, sagt die Frau und schwenkt ihren Arm, an dem ein Täschchen hängt. »Da geht einem das Herz auf...«

Aus dem Radio ertönt jetzt ein Walzer. Alle vier Wurstesser wiegen sich mit vollem Mund im Walzertakt, und die Frau schluckt den letzten Happen hinunter und singt mit.

Da kann Pia nicht mehr an sich halten. Sie läuft auf die vier zu und schreit: »Um euch rum stirbt der Wald, und ihr schunkelt und singt!«

Die Frau hört auf zu singen und schaut Pia verblüfft an. Auch die Männer wiegen sich nicht mehr. Sie umringen Pia und beugen sich zu ihr herab.

»Aber Kind«, sagt die Frau und streicht ihr über den Kopf, »wer hat dir nur so einen Unsinn erzählt! Hier stirbt nichts und niemand. Schau dich um: Es ist doch alles grün...«

Der Reuschebach

Als mein Urgroßvater zur Schule ging,
hat er noch das Trinkwasser
für die ganze Familie im großen Tonkrug
aus dem Reuschebach geholt.

Als mein Großvater Schuljunge war,
hat man das Reuschebachwasser
nicht mehr trinken können.
Aber Forellen hat er geangelt
und Krebse gefangen.

Als mein Vater Schuljunge war,
gab's keine Forellen und Krebse mehr
im Reuschebach. Aber die Kinder
haben da noch gebadet.

Das Baden ist jetzt verboten
im Reuschebach. Unser Lehrer sagt,
man kriegt davon Ausschlag und Pusteln.

Was wird mit dem Reuschebach sein,
wenn meine Kinder in die Schule gehen,
meine Enkel?

Schutt unterm Farn

Vater Hickl tuckert mit seinem Traktor in den Wald. Der Traktor zieht einen Anhänger, voll mit abgelatschten Teppichfliesen und zerbrochenen Kacheln. Bad und Wohnzimmer wurden endlich renoviert. Auch ein Berg abgeweichter Tapetenfetzen und zwei lack- und kleisterverschmierte Plastikeimer sind dabei. Und quer darüber liegt ein alter Sprungrahmen, den Mutter Hickl nicht mehr gebrauchen kann. Auf dem thront jetzt Großvater Hickl, der den Vater begleitet. Auf der schmalen Landstraße quer durch den Wald wird er ganz schön durchgerüttelt.

Hinter dem Traktor samt Anhänger schleicht Oliver her. Es ist Vater Hickls Sohn, also Großvater Hickls Enkel. Er hält sich in großer Entfernung, denn seine Backe brennt noch von der Ohrfeige, die ihm der Vater geklebt hat, bevor er mit dem Traktor losgefahren ist. »Das geht dich einen Dreck an, was ich mit dem Dreck mache!« hat der Vater gebrüllt. Aber das sieht der Vater falsch. Es *geht* Oliver was an. Viel sogar!

Der Großvater, der sonst oft für ihn Partei ergreift, hat Oliver diesmal im Stich gelassen, hat sich auf Vatis Seite geschlagen.

»Die Lehrer sind's, die heutzutage den Kindern diese übertriebenen Umweltideen in die Köpfe setzen«, hat er geschimpft. »Lauter Grüne!«

Vater Hickl fährt also in den Wald. Es ist *sein* Wald. Er fährt bis zu der scharfen Kurve an der Böschung, die ganz von Farnkraut und Holunderbüschen überwuchert ist. Unterhalb dieser Böschung fließt der Nesselbach vorbei. In dem gibt's noch Forellen.

Vater Hickl hält. Der Großvater klettert vom Anhänger, klappt die Seitenwand herunter und wirft die Plastikeimer in weitem Bogen ins Grüne.

»Vorsicht«, sagt Vater Hickl, »nicht daß jemand in der Gegend rumschleicht...« Er weiß, daß das, was sie tun, verboten ist.

»Das waren noch Zeiten, als man seinen Dreck abladen konnte, wohin man wollte!« knurrt der Großvater. Dann steht er Schmiere, während Vater Hickl dem Sprungrahmen einen Schubs gibt, daß er mitten in den Farn plumpst.

Der Großvater hebt den Arm. Vorsicht! Ein Auto fährt vorbei. Vater und Großvater Hickl klopfen eifrig einen Reifen ab. Man kann ja mal eine Panne haben...

Kaum ist das Auto um die nächste Kurve, schleudert Vater Hickl die Teppichfliesen in die Holunderbüsche hinein. Die Kacheln kippt er zu dem Sprungrahmen in den Farn. Fehlen nur noch die Tapetenreste. Die schiebt er unter die Büsche, damit der Wind sie nicht fortwirbeln kann. Dann würden sie auffallen. Bis zum Winter, wenn das Laub fällt, wird das Papier so grau wie die Erde sein.

Wieder warnt der Großvater. Diesmal kommt ein Wagen von der anderen Seite. Aber der Anhänger ist ja schon leer, und von dem Zeug sieht man fast nichts mehr. Ein paar Farnstauden sind geknickt, und auch einige Holunderbüsche hat's erwischt; aber nur, wenn man genauer hinschaut, entdeckt man eine Ecke des Sprungrahmens, die aus dem Gewucher ragt. Auf einem Holunderzweig hängt ein Fetzen geblümter Tapete, und tief im Gebüsch schimmert es rotbraun. Das sind die Teppichfliesen. Ganz unten, fast schon am Bachufer, liegen die beiden Plastikeimer, leider ohne jede Deckung.

»Die fallen auf«, sagt der Vater zum Großvater.

»Und?« meint der Großvater. »Weiß der Teufel, wer diese Dinger da hingeworfen hat!«

Der Vater grinst.

»Als ob der Wald mit so was nicht fertig würde«, ruft der Großvater. »Der hat schon ganz andere Brocken überwuchert!«

»Na ja«, sagt der Vater nachdenklich. »Du denkst an Tempel im Urwald und so. Damals gab's halt noch mehr Wald und weniger Menschen. Aber was macht man mit Bauschutt? Man darf ihn nicht in die Mülltonne tun, und die wäre für solche Mengen auch zu klein. Die nächste Bauschuttdeponie ist drüben in Göllen, vier Kilometer hin, vier zurück, die Gebühr muß man auch noch dazurechnen. Und der Sperrmüll wird erst wieder im Spätherbst abgefahren. Soll mir der Sprungrahmen so lange im Weg rumstehen?«

Ein Stück von ihnen entfernt kauert Oliver im Gebüsch und beobachet die beiden. Er würde am liebsten hervorstürmen und Vati und Opi schütteln. Aber der Vater ist achtunddreißig Jahre alt, der Großvater siebenundsechzig – und er erst neun. Die lassen sich von ihm nicht schütteln.

Er sieht, wie der Vater und der Großvater auf den Traktor klettern. Vati wendet, dann tuckert er davon. Als der Traktor verschwunden ist, läuft auch Oliver heim, aber über einen anderen Weg. Während Vati und Opi in der Wohnstube Kaffee trinken, holt er sein Fahrrad und fährt zurück in den Wald, an den Tatort.

Dort steht er eine Weile und betrachtet traurig die geknickten Farnwedel, die welken Holunderblätter. Dann klettert er hinunter zum Bach und holt die beiden Eimer herauf. Er füllt sie mit Kachelscherben und hängt sie rechts und links an seine Lenkstange. Und in den Gepäckträger klemmt er ein paar Teppichfliesen.

Als er losfährt, merkt er, daß die Eimer zu schwer sind. Das Fahrrad läßt sich kaum mehr lenken. Fast die Hälfte der Kacheln muß er wieder aus den Eimern nehmen. Er füllt seine Jacken- und Hosentaschen mit Scherben. Den Rest legt er wieder unter den Farn.

Gott sei Dank geht's auf dem Weg nach Göllen nur ein kurzes Stück bergauf. Dort muß er schieben.

Aber er schafft es doch in einer halben Stunde. Als er an das Tor der Schuttdeponie kommt, ist es schon zu. WOCHENTAGS GEÖFFNET VON 14.00–16.30 liest er auf einer Tafel.

Er fragt sich zum Deponieverwalter durch, der den Schlüssel zum Tor hat. Der lacht, als er die halbvollen Eimer und die Teppichfliesen sieht. »Die Fliesen kannst du in meinen Mülleimer stecken«, sagt er, kippt die Kachelscherben in einen alten Zementsack und gibt Oliver die zwei Eimer zurück.

Oliver zieht seinen Geldbeutel aus der Hosentasche und will die Gebühr bezahlen. Er hat sich extra dafür ein Fünfmarkstück aus seiner Sparbüchse genommen, denn sein Taschengeld für diese Woche hat er schon verbraucht. Aber der Deponieverwalter lacht und winkt ab.

»Für so einen Fingerhut voll Schutt brauchst du nichts zu bezahlen«, sagt er.

»Es ist mindestens zwanzigmal so viel, oder vielleicht auch vierzigmal«, seufzt Oliver. »Ich muß noch ein paarmal wiederkommen.«

Der Deponieverwalter fragt ihn, wo er daheim sei. Als er hört, daß Oliver aus Rothenhain kommt, schüttelt er den Kopf.

»Das ist ja der helle Wahnsinn«, sagt er. »Warum fährt dein Vater nicht den ganzen Haufen auf einmal her, statt dich zwanzig- oder vierzigmal von Rothenhain nach Göllen zu hetzen – mit dem Fahrrad!«

»Er weiß ja nichts davon, daß ich fahre«, murmelt Oliver und zieht die Nase hoch.

Der Deponieverwalter fragt ihn nach seinem Namen. Da schwingt sich Oliver blitzschnell auf sein Fahrrad und saust mit klappernden Eimern davon. Die versteckt er wieder unter dem Farn, dort an der Kurve im Wald. Dann fährt er heim. Beim Abendessen hat er keinen Appetit. Die Mutter bedrängt ihn mit Fragen, läßt ihn sogar Fieber messen.

Nein, er hat kein Fieber. Aber es ist doch etwas nicht in Ordnung, wenn er freiwillig gleich nach dem Essen zu Bett gehen will!

Er hat eben so viel nachzudenken.

Am nächsten Morgen spricht er mit Alex, seinem Lehrer. Die ganze Pause brauchen die beiden für dieses Gespräch. Olivers Hände sind verschwitzt und heiß und zittern ein bißchen. Aber dann, nach dem Gespräch, wird er ganz ruhig und hält in der Sportstunde als Tormann drei Bälle. Und auf den nächsten Tag setzt der Lehrer einen Ausflug an, genau in den Wald, der Olivers Vater gehört. Er schärft allen Schülern von Olivers Klasse ein, in den ollsten Klamotten zu kommen – und nicht zu vergessen, Eimer oder Säcke mitzubringen.

»Was?« fragt der Großvater ahnungslos, als Oliver am nächsten Morgen ohne Ranzen und in einer geflickten Hose loszieht. »Ein Müllsammel- Ausflug? Diese Lehrer kommen auf immer verrücktere Ideen. Aber was kann man schon von einem verlangen, der sich von Neunjährigen duzen läßt!«

Es wird ein richtiges Fest, genau dort, wo der Hicklsche Schutt liegt. Die Kinder suchen und entdecken, sammeln und schleppen. Und mit vereinten Kräften hieven sie sogar den Sprungrahmen den Abhang hinauf. Oben auf der Straße steht ein Kleinbus, der gehört dem Lehrer und seiner Frau, der Regina. Die hat ihn auch hergefahren. Und nun steht sie am Rand der Böschung, nimmt den Kindern die Eimer und Säcke ab und kippt die Kacheln in eine große Wanne. Die Teppichfliesen stopft sie in Müllsäcke, die Tapetenreste in Schachteln.

Alle bemühen sich, auf der Suche nach dem Abfall so wenig Grünes wie möglich zu zertreten und zu knicken. Ganz ohne das geht's natürlich nicht, man kann schließlich nicht schweben. Aber Pflanzen leben ja, Gott sei Dank, und für Welkes und Geknicktes wächst Neues.

Gerade wie sie auf der ganzen Böschung bis hinunter zum Bach herumwieseln, eine bunte, laute, quirlige Schar, kommt ein Traktor vorbeigetuckert. Oliver erschrickt. Das ist Vati! Was wird er jetzt tun?

Aber er nickt nur kurz dem Lehrer zu, auch seiner Frau, und macht, daß er fortkommt. Der Staub wirbelt nur so!

»Er hat ein schlechtes Gewissen«, flüstert der Lehrer Oliver zu.

Aber Oliver ist sich da gar nicht so sicher. Wahrscheinlich erwartet ihn daheim ein Donnerwetter.

Regina muß zweimal fahren, bis der Hang wieder sauber ist. Mit der zweiten Fuhre verschwinden auch der Sprungrahmen und die beiden verkleckerten Eimer.

Kinder und Lehrer stehen noch eine Weile am Bachufer und schauen den Forellen zu, die sich hin und wieder blicken lassen und durch das klare Wasser jagen. Dann ziehen sie ins Dorf zurück, in Alex' und Reginas Garten, wo Regina schon ein paar Krüge voll Saft bereitgestellt hat. Dort beschließen sie auch, die Deponiegebühren aus der Klassenkasse zu bezahlen.

Dem Oliver wird's im Lehrergarten auf einmal ganz leicht und froh zumute. Egal, ob Vati daheim einen Aufstand macht oder nicht – er, Oliver, hat ja Freunde, auf die er sich verlassen kann. Und die so denken wie er. Da kann man schon mal was aushalten.

Wunderbare Musik

Auf dem Himmelskörper Paxeternitas trafen sich zwei Paxeternitaten – schöne, grüne Geschöpfe mit samtener Haut und wallendem Haar auf Kopf, Brust und Rücken.

Sie hatten sich längere Zeit nicht gesehen und begrüßten einander freudig erregt. Der eine war lindgrün, der andere türkisfarben.

»Bist du nicht gerade wieder einmal von der Erde zurückgekehrt?« fragte der Türkisfarbene. »Ich habe von einer Expedition gehört, die du geleitet haben sollst.«

»Stimmt«, antwortete der Lindgrüne, »ich war dort. Das war das achte und letzte Mal.«

»Du betonst das so, als seist du verbittert.«

»Bin ich«, sagte der Lindgrüne. »Es macht keinen Spaß mehr, die Menschen zu beobachten.«

»Ich weiß sehr wenig über die Menschen«, sagte der Türkisfarbene. »Du weißt ja, daß ich mich immer vor Reisen gedrückt habe. Reisen liegen mir nicht. Und ich empfinde auch Ängste bei der Vorstellung, mich in Räume des Universums begeben zu sollen, die mir unbekannt sind. Ich schätze es, in der Geborgenheit unseres Sterns zu bleiben. Von den

Menschen weiß ich eigentlich nur, daß sie imstande sind, wunderbare Musik zu erschaffen, Melodien und Harmonien, wie sie unsereiner nie zuwege bringen könnte. Ich weiß, daß sie Töne in ihren Körpern erzeugen und aus ihren offenen Mündern erschallen lassen. Und daß sie Töne aus seltsamen Instrumenten von höchst unterschiedlicher Form zu locken wissen. Ich habe mich schon oft gefragt, was das für Wesen sind, die solche Gaben besitzen. Erzähle mir von ihnen!«

»Häßlich sind sie«, berichtete der Lindgrüne. »Jedenfalls nicht grün, sondern schwarz oder weißrosa. Es gibt auch braune Expemplare. Sie sind fast unbehaart. Vor allem das ist es wohl, was sie für uns so abstoßend macht.«

»Man sollte sie nicht nach ihrem Äußeren beurteilen«, meinte der Türkisfarbene. »Sie machen jedenfalls Musik, bei der einem das Herz aufgeht; bei der man eine Ahnung davon bekommt, wie man sein *könnte.*«

»Ich empfinde immer weniger Sympathie für sie«, sagte der Lindgrüne, »je länger und genauer ich sie kenne. Als ich das erste Mal bei ihnen war, haben mich ihre Phantasie, ihre Fähigkeit zu logischen Schlüssen und ihre Genügsamkeit fasziniert. Ihnen gelang fast alles mit fast nichts.«

»Zum Beispiel ihre Musik«, sagte der Türkisfarbene.

Aber der Lindgrüne überhörte seinen Einwurf und fuhr fort: »Anfangs dachte ich, sie seien entfernt verwandt mit uns. Immerhin sind sie zu beachtlichen architektonischen Leistungen fähig.«

»Und erst zu Musik!« rief der Türkisfarbene.

»Aber dann kam ich zu der Überzeugung, daß sie etwas mit den Ratten gemein haben müssen, den einzigen Lebewesen, die es auf unserem Stern *und* auf der Erde gibt. Ratten passen sich allen Veränderungen an, vermehren sich mit großer Geschwindigkeit und fallen übereinander her, wenn sie in großer Zahl auf engem Raum zusammengepfercht sind.«

»Du meinst, die Menschen *töten* einander?« rief der Türkisfarbene erschrocken. »Wie paßt das zu ihrer Musik?«

»Von Besuch zu Besuch sah ich sie aggressiver werden«, berichtete der Lindgrüne. »Inzwischen vernichten sie einander in riesigen Massen auf die scheußlichste Weise. Ich hatte manchmal Mühe, mich selbst zu retten. Und schon während meines vorletzten Erdbesuchs mußte ich feststellen, daß sie ihre Genügsamkeit verloren hatten. Sie sind maßlos geworden.«

»Ja«, sagte der Türkisfarbene nachdenklich, »manchmal hat auch ihre Musik einen Hauch von Maßlosigkeit.«

»Und nun, beim letzten Besuch«, fuhr der Lindgrüne fort, »erinnerten mich die Menschen an Milben ...«

»Milben?« rief der Türkisfarbene überrascht. »Obwohl ich diese merkwürdigen Insekten nicht mit eigenen Augen gesehen habe, weiß ich doch, daß sie

nicht fähig sind, auch nur einen einzigen Ton zu erzeugen!«

»Du solltest sehen, was sie aus ihrem Planeten gemacht haben«, sagte der Lindgrüne. »Bei meinem ersten Besuch – das ist dreitausend Jahre her – war er wunderbar blau und grün, und man konnte kaum Menschenspuren auf ihm ausmachen. Und heute sieht die Erde krank aus, braun und grau, und die Spuren der Menschen erkennt man schon von weitem. Wie von Milben befallen wirkt der arme Stern! In die letzten Täler haben sich die Menschen hineingefressen, zerstören, was lebt, vernichten das Grün, verschmutzen das Blau, zerreißen den Himmel rings um die Erde und verbreiten Gestank. Aber das Unbegreiflichste von allem ist, daß diese Wesen offenbar – bewußt oder unbewußt – nur ein einziges Ziel verfolgen: sich selbst auszurotten.«

»Du meinst, sie sind dabei, Selbstmord zu begehen?« fragte der Türkisfarbene bestürzt. »Aber sie machen doch noch immer Musik. Wie paßt das zusammen? Würden sie's ernst meinen, wären sie schon längst verstummt …«

»Das ist es, was ich nicht begreife«, seufzte der Lindgrüne. »Sie verhalten sich so munter, als stünden ihnen herrliche Zeiten bevor. Dabei bin ich sicher, daß ich, wenn ich in absehbarer Zeit noch einmal ihre Erde besuchen würde, nur noch einen verwüsteten, unwirtlichen, sozusagen abgenagten Planeten vorfände. Menschenleer!«

»Aber dem können wir doch nicht einfach untätig

zusehen!« rief der Türkisfarbene erregt. »Wozu würden wir Paxeternitaten sonst die Ewigfriedvollen genannt? Wir müssen die Menschen vor sich selber warnen!« Und leiser, mit Tränen in den Augen, fügte er hinzu: »Denn gehen sie unter, verstummt auch ihre Musik. Sie bedeutet uns doch so viel ...«

Der Lindgrüne zuckte mit den Schultern: »Nichts ist ewig. Alles kommt und vergeht, auch diese merkwürdigen Wesen auf der Erde. Wir müssen's eben nehmen, wie's ist.«

»Ich nicht«, sagte der Türkisfarbene entschlossen. »Ich will nicht auf ihre wunderbare Musik verzichten. Deswegen werde ich mich auf den Weg machen – zu ihnen.«

»Du?« fragte der Lindgrüne überrascht. »Hast du nicht eben gesagt, du traust dich nicht, unseren Stern zu verlassen? Nicht einmal den Reisegruppen mit den risikoärmsten Zielen hast du dich jemals angeschlossen. Und jetzt willst du allein ...?«

»Für die Musik bin ich zu allem entschlossen«, sagte der Türkisfarbene. »Und dort auf der Erde werde ich sie auch von ganz nah hören, nicht aus dem Äther aufgefangen und verstärkt für unsere Ohren. Ich werde mitten in ihrer Musik schweben und mit ausgebreiteten Armen zu ihnen sagen: Brüder ...«

»Weiter wirst du nicht kommen«, unterbrach ihn der Lindgrüne trocken. »Denn dann haben sie dich schon umgebracht. Oder mindestens gefangengenommen und eingesperrt als feindlichen Spion.

Glaub ja nicht, daß sie dir friedlich zuhören und ihre Gewohnheiten ändern werden. Das ist vergebliche Mühe, hörst du?«

Aber der Türkisfarbene hörte ihn nicht mehr. Er war schon unterwegs.

Die Schöpfung kennt kein Ende

Nie gab's sechs Tage, gab's ein Jahr,
eine Zeit, da die Schöpfung vollendet war.
In den Schoß legt Gott nie die Hände.
Nie, daß er ruht, vom Erschaffen matt:
Die Schöpfung findet noch immer statt!
Sie kennt kein Ende.
Gott ändert, entwickelt, weckt, läßt vergehn,
und alles fließt und nichts bleibt stehn.
Auch *der* erfuhr Wandel und Wende,
der sich Homo sapiens nennt – und nie
gab uns der Schöpfer die Garantie,
daß er den Menschen – der Schöpfung Krone? –
vom Artentod verschone.

Die Linde

»Fährst du in den Wald?« fragte Andreas seinen Vater, der die Motorsäge aus der Scheune holte. »Darf ich mit?«

»Heute fahr ich nicht in den Wald«, sagte der Vater. »Heut kommt die Linde dran.«

»Die Linde auf unserem Hof?« fragte Andreas erschrocken.

Der Vater sah den Jungen nicht an. »Sie muß weg«, sagte er und räusperte sich. »Sie macht der Mutter zuviel Arbeit, vor allem im Herbst. Aber es sind nicht nur die Blätter. Auch wenn sie blüht, macht sie Dreck.«

»Blätter und Blüten sind doch kein Dreck«, sagte Andreas.

»Nenn's, wie du willst«, sagte der Vater. »Weggekehrt werden muß es so und so. Die Mutter hat das Kehren satt. Soviel Arbeit, die nichts bringt.«

»Aber die Linde ist doch so schön!« rief Andreas.

Der Vater warf einen Blick hinauf in den mächtigen Baum. »Für die Schönheit zahlt mir keiner was«, sagte er. »Außerdem steht sie an einer ungünstigen Stelle. Ich muß mit dem Traktor immer einen Bogen um sie fahren, wenn ich in den Schuppen will.«

»Ist denn das so schlimm?« fragte Andreas. »Zwei Minuten Umweg?«

»Jeden Tag ein paarmal rein und raus mit dem Traktor«, sagte der Vater, »das macht schon eine halbe Stunde pro Tag. Im Jahr summiert sich das. Und jetzt verzieh dich, du hältst mich auf.«

Andreas lief neben dem Vater her, der im Schuppen die Axt holen ging. »Aber dein Urgroßvater hat sie doch gepflanzt«, rief er. »Das hast du mir erzählt!«

»Na und?« brummte der Vater.

»Deinem Großvater hat der Dreck nichts ausgemacht, und dein Vater hat sie auch nicht gefällt«, sagte Andreas.

»Die sind ja auch noch auf ein Plumpsklo gegangen, damals«, sagte der Vater. »Und jetzt geh aus dem Weg!«

»Aber ich weiß von der Großmutter, daß der Großvater die Linde liebhatte!« rief Andreas. »Wenn er im Krieg auf Urlaub kam, hat er sich immer druntergesetzt. Deshalb hat die Großmutter auch oft druntergesessen, nachdem er gefallen war. Und sein Vater hat sie sicher auch liebgehabt. Wozu hätte er sie sonst stehenlassen? Da gibt's doch noch ein altes Foto, wo er unter der Linde sitzt. Damals war sie natürlich noch längst nicht so groß wie jetzt.«

»Früher hatten die Leute eben noch Zeit, sich abends unter eine Linde zu setzen«, knurrte der Vater. »So was kann man sich heutzutage nicht mehr leisten, wenn der Schornstein rauchen soll.«

»Du sitzt doch auch eine Menge Zeit vor dem Fernseher«, sagte Andreas.

»Das ist was ganz anderes«, sagte der Vater ärgerlich.

Er winkte dem Nachbarn, der gerade mit seinem Sohn, dem langen Bernd, zur Hofeinfahrt hereinkam und auch eine Axt in der Hand hielt. »Na, kann's losgehen?« rief er herüber.

»Auf geht's!« rief der Vater zurück und zeigte zwischen Schuppen und Scheune. »Am besten, wir lassen sie dort hinüberfallen.«

»Nein!« rief Andreas, lief zur Linde und versuchte den dicken Stamm zu umklammern. »Ich hab sie doch auch lieb! Ich will auch druntersitzen!«

»Jetzt mach keinen Zirkus«, sagte der Vater zornig. »Der Baum ist kein Mensch.«

»Du willst doch, daß ich später mal hier Bauer bin«, rief Andreas. »Aber wenn du die Linde fällst, kannst du deinen Hof behalten!« Und er brach in Tränen aus.

Der Vater blieb unschlüssig stehen und sah den Jungen an.

»Ich kann ihn verstehen«, sagte der Nachbar. »Ich würde sie auch nicht umlegen. Wird verdammt kahl hier, ohne sie.«

»Und dann die vielen Vögel in den Zweigen«, sagte der lange Bernd. »Und im Frühling das Gezwitscher auf dem Hof.«

»Ich kehr auch jeden Tag«, sagte Andreas und wischte sich die Tränen weg. »Und ich will zu

meinem Geburtstag nichts geschenkt bekommen, damit das mit dem Umweg wieder ausgeglichen wird.«

»Also *so* knapp geht's ja bei uns doch nicht zu, daß wir das nicht verkraften könnten«, sagte der Vater. »Komm her, trag die Axt in den Schuppen. Aber wie bringen wir der Mutter bei, daß die Linde stehenbleibt?«

»Ich spreche mit ihr«, sagte der lange Bernd. »Ich sag ihr, Hof-Linden seien jetzt enorm *in*.«

»Nein, danke«, sagte der Vater, »das müssen wir schon selber machen, der Junge und ich. Nicht wahr, Andreas?«

Zwiegespräche

Björn: Stimmt es, Oma, daß die Wälder nur noch Gerippe sein werden, wenn ich so alt bin wie du?

Oma: Wie? Was? Kannst du dir deine Fragen nicht aufheben, bis der Film vorbei ist? – Gerippe? Unsinn. Es gab schon immer Wald, und es wird immer Wald geben.

Björn: Stimmt es, daß dann die Luft kaum mehr zu atmen sein wird?

Oma: Da müßten wir ja ersticken. Kannst du dir das vorstellen, daß die ganze Menschheit japst – wie Fische auf dem Trockenen?

Björn: Nein – vorstellen kann ich mir das nicht.

Oma: Na also.

Björn: Und stimmt es, daß dann auf den Feldern so gut wie nichts mehr wächst, weil der Boden tot ist?

Oma: Was für Horrorgeschichten! Aber laß mich jetzt in Frieden. Es wird gerade spannend. Guck doch mit!

Björn: Ich hab gehört, daß dann doppelt so viele Menschen wie jetzt auf der Erde leben werden.

Oma: Quälgeist! – Das geht doch gar nicht. So viele haben auf der Erde gar nicht Platz.

Björn: Wird man sie verhungern lassen oder totschlagen?

Oma: Jetzt reicht's aber! Du siehst zu viele Horrorfilme!

Björn: Du hast es gut, Oma. Du brauchst über das alles nicht nachzudenken. Denn wenn's so kommen wird, bist du nicht mehr da.

Oma: Wovon redest du eigentlich, Junge? – Hallo! Wo rennst du denn hin?

Björn: Stimmt es, Mutti, daß in sechzig Jahren die Wälder fast alle tot sein werden?

Mutter: Stimmt. Wenn wir sie sterben lassen.

Björn: Und die Böden auch.

Mutter: Wenn wir die Hände in den Schoß legen.

Björn: Und daß man dann die Luft kaum mehr atmen kann?

Mutter: Wenn wir nichts dafür tun, daß sie wieder sauber wird.

Björn: Werden dann wirklich doppelt so viele Menschen wie jetzt auf der Erde leben?

Mutter: Es sieht ganz so aus.

Björn: Wenn alles so kommt, möchte ich nicht mehr leben.

Mutter: Du denkst falsch herum, Björn. Denk so: Ich will leben. Aber so, daß es eine Lust ist zu leben. Also muß ich alles tun, damit das Leben eine Lust wird.

Björn: Aber ich allein ...

Mutter:	Du allein bist fast nichts. Aber alle zusammen könnten es schaffen, wenn sie sich Mühe geben und nicht müde werden ...
Björn:	Machst du mit?
Mutter:	Darauf kannst du dich verlassen!

Auch eine Heilige Nacht

Wenn sich die Menschheit nicht ändert, könnte es sein, daß im Jahr zweitausendeinundfünfzig oder auch erst im Jahr dreitausendzweihundertneun, vielleicht aber auch schon in zwanzig Jahren, in der Nacht vom vierundzwanzigsten auf den fünfundzwanzigsten Dezember plötzlich ein Engel über einer riesigen aufgelassenen Mülldeponie aufglüht. Einem wahren Müllgebirge, das sich etwa in der Mitte zwischen den Trümmerfeldern auftürmt, die einmal Paris und Prag gewesen sind. Dieser Engel leuchtet drei Männern ins Gesicht, die zwischen ausgedienten Kühlschränken und Waschmaschinen, zwischen Styroporbrocken und Spraydosen lagern.

Erschreckt springen sie auf und starren die Lichtgestalt feindselig an. Der eine hat keine Haare mehr, und seine Haut ist verkrebst. Der zweite ist voller Pusteln und Schorf. Der dritte hat hohle Augen und eingefallene Wangen und drückt die Hand auf den Leib, wenn er hustet.

»Glaube nur ja nicht, daß wir dich hier mitsuchen lassen«, sagt der Glatzkopf barsch zu dem Engel. »Wir drei haben gestern dieses Gelände besetzt und werden es morgen, sobald es hell wird, weiter durchwühlen. Wir denken nicht daran, das bißchen Brauchbare, was wir hier noch finden werden, mit dir zu teilen. Verlaß dich drauf: Wir werden dieses Revier mit Zähnen und Fäusten verteidigen.«

Da taucht der Engel die ganze buntzerfledderte Landschaft in so grelles Licht, daß sich die drei Müllwühler in panischer Angst niederducken.

»Fürchtet euch nicht«, sagt er und breitet seine Arme aus. »Denn seht, ich verkündige euch große Freude, die allem Volk zuteil wird.«

Die drei Männer atmen auf. Dieser merkwürdige Fremde, der offensichtlich über eine mächtige Energiequelle verfügt, scheint kein Interesse daran zu haben, hier mitzuwühlen. Also wagen sie es, sich wieder aufzurichten.

»Allem Volk?« fragt der Schorfige. »Sie sind nicht von hier, Sir. Denn im Umkreis von fünf Tagesmärschen in alle Himmelsrichtungen gibt es sicher nicht mehr als höchstens zweihundert Überlebende. Zu wenige, um sie Volk zu nennen.«

»Früher«, fügt der Hohläugige hinzu, »soll's hier viel Volk gegeben haben, Stadt neben Stadt, Dorf neben Dorf. Kaum ein Ort unter zweihundert Einwohnern.«

»Alle verseucht, gekillt, verhungert«, sagt der Glatzkopf, »bis auf diesen kümmerlichen Rest. Und auch der nimmt weiter ab. Ist Ihnen nicht aufgefallen, Sir, wie leer dieses Land ist?«

Der Engel wartet, bis die drei Zerlumpten schweigen. Dann sagt er mit gewaltiger Stimme: »Heut wurde euch der Heiland geboren – Christus, der Herr!«

Die drei Männer sehen sich überrascht an. Ein Kind ist geboren worden? Wirklich?

»Sind Sie sicher, Sir?« fragt der Glatzkopf. »Wir kennen alle, die hier in der Umgebung hausen. Darunter ist keine Frau, die in letzter Zeit schwanger gewesen wäre. Das hätte sich herumgesprochen. Denn das wäre eine unerhörte Neuigkeit gewesen.«

Aber der Engel läßt sich nicht beirren, er bleibt bei seiner Verkündigung. Und er wartet wieder, bis die Männer verstummen. Sie sind so geschwätzig, weil sie selten Fremden begegnen.

»Und das habt zum Zeichen«, sagt der Engel. »Ihr werdet das Kind finden in Windeln gewickelt und in einer Krippe liegen.«

Während er dies verkündigt, füllt sich der ganze Himmel mit wandernden Strahlen, farbigem Licht und Stimmen, die in Freude tönen: »Ehre sei Gott in der Höhe und Friede auf Erden und den Menschen ein Wohlgefallen!«

Die drei Zerlumpten haben sich vor so viel Helligkeit und Schall und Widerhall auf die Erde geworfen, haben sich in den Müll gepreßt, der ihnen vertraut ist. Erst als die Stimmen verklingen und das Licht langsam verlöscht, wagen sie aufzuschauen.

»Ist nicht schon einmal, irgendwann früher, so eine Botschaft verkündet worden?« flüstert der Hohläugige. »Es kommt mir vor, als hätte mir meine Großmutter so was erzählt.«

»Früher, ja«, sagt der Glatzkopf. »Das kann ich glauben. Aber nicht jetzt. Nach allem, was wir angerichtet haben, kann ich mir nicht vorstellen, daß uns noch einmal eine Chance verheißen wird.«

»Das hieße, daß sich gerade eben einer einen Scherz mit uns geleistet hat?« fragt der Schorfige. »Also ein Scharlatan? Aber der Himmel war voller Stimmen und Licht. Wie sollte einer so etwas heutzutage ohne Technik ...«

»Wir könnten ja doch mal nachsehen«, meint der Hohläugige, »ob man hier in der Nähe irgend etwas über ein neugeborenes Kind weiß. Seine Eltern könnten von woanders hergekommen sein. Vielleicht auch, um in den Müllbergen zu wühlen. Stellt euch doch mal vor – ein Kind. Das wär ja – das wär ja fast ein Wunder!«

»Und wer bewacht hier inzwischen unser Revier?« fragt der Glatzkopf.

»Spätestens in einer Woche werden wir wieder zurück sein«, sagt der Schorfige. »Wer wird schon bis dahin hier auftauchen? Und wenn es so wäre, würden wir ihm wieder abnehmen, was er sich zusammengewühlt hat. Wir sind zu dritt.« Aber er gibt zu bedenken, daß sie, falls sie wirklich eine Mutter mit einem Neugeborenen finden sollten, irgendwie dazu beitragen müßten, daß das Kind überlebt. Man bedenke doch, was für eine Hoffnung in so einem Kind steckt!

Sie beschließen, der Mutter des Kindes den Rest der Haferflocken zu überlassen, die sie in ihrem

Müllrevier in einer rostigen Blechbüchse gefunden und von denen sie sich am Vortag ernährt haben.

Sofern es das Kind wirklich gibt.

Der Hohläugige trägt eine eingerollte Decke über der Schulter. Sie ist zerlöchert und verdreckt, aber warm. Er könnte sich vorstellen, sich von ihr zu trennen.

Nur für ein neugeborenes Kind, das lebt.

Sie wandern blindlings durch die Nacht, tasten sich einen Weg über Müllberge, stolpern und fallen. Zum Glück geht der Mond auf. In seinem Licht ziehen sie an Autofriedhöfen vorbei, trotten über verkarstete, verkrustete, ausgetrocknete Erde, durch tote Wälder. Zwischen den kahlen Stämmen hebt der Glatzkopf dürre Zweige auf, schultert sie, nimmt sie mit. Sie durchqueren Ruinen, die einmal eine kleine Stadt gewesen sind. Kein Mensch weit und breit.

Als sie sich der allerletzten Ruine nähern, die vielleicht einmal eine Gaststätte oder eine Tankstelle, vielleicht auch ein Supermarkt am Ortsende gewesen ist, hören sie einen Laut. Der Glatzkopf und der Schorfige beginnen zu laufen, der Hohläugige hechelt hinterher. Kein Zweifel: Da schreit ein Kind!

Scheu betreten sie das Gemäuer, in dem sich Müll und Unrat türmen. Eine junge Frau sitzt auf einem Schutthaufen, lehnt ihren Kopf an einen Betonpfosten und weint. Das Mondlicht genügt, um zu erkennen, daß sie eine Fremde ist: schwarzes Haar,

schwarze Augen, dunkle Haut. Eine Zigeunerin? Eine Afrikanerin?

Zwischen ihren Füßen steht eine alte, verbogene Plastikwanne. Darin bewegt sich etwas und wimmert. Das Kind!

Die drei Männer grüßen verlegen. Der Schorfige reicht der Frau die Büchse mit den Haferflocken. Sie muß ja zu essen haben, wenn sie das Kind nähren soll. Zu dritt beugen sie sich über die Wanne. Ein Kind ist geboren. Wo doch kaum mehr eine Frau – von den wenigen, die hier noch leben – empfangen oder ein Kind austragen kann.

Es ist ein ausgetragenes Kind, ein Neunmonatskind mit feinem, dunklem Haar. Nur – es hat keine Arme.

Die Mutter neigt sich herab, schiebt Lappen und Fetzen beiseite, deutet auf die Beinchen des kleinen Jungen: Stummel. Nicht viel mehr als Zehen.

»Aber es lebt«, sagt der Schorfige und streichelt das Köpfchen.

»Und es soll leben bleiben«, fügt der Hohlwangige hinzu, während er die Decke von seinen Schultern nimmt, sie auseinanderrollt und unbeholfen über den Rumpf des Kindes breitet.

Der Glatzkopf aber legt die Zweige übereinander, zündet sie an und beginnt in der Wärme des kleinen Feuers leise zu pfeifen.

Eine Giesskanne voll Gift

»Ich hab das ewige Jäten satt!« sagte die Mutter, als sie nach der Heimkehr von der Ferienreise die Ritzen zwischen den Terrassenplatten vollgewuchert wiederfand. »Jetzt ist damit endgültig Schluß!«

»Dagegen läßt sich nichts machen«, seufzte der Vater. »Wo die Samen hinfliegen, da fangen sie eben an zu wachsen. Vergiß nicht: Das Unkraut ist lebendig.«

»Nicht mehr lange«, sagte die Mutter.

Am nächsten Tag ging sie in die Samenhandlung, kaufte eine kleine Packung, die Unkraut-Finis hieß, füllte daheim eine Gießkanne mit Wasser und rührte das graue Pulver aus der Packung hinein. Als Silvia auch rühren wollte, durfte sie nicht.

»Das ist Gift«, sagte die Mutter. »Nichts für Kinder. Wenn man's an die Finger bekommt und dran leckt, kriegt man Bauchweh, und wenn man davon trinkt, muß man ins Krankenhaus.«

Silvia leckte nicht und trank nicht. Sie sah zu, wie die Mutter die ganze Terrasse begoß. Die Terrasse lag höher als der übrige Garten. Auf der Böschung wuchsen wunderschöne Steingartenpflanzen und kleine Büsche. Und da stand auch die junge Trauerweide, unter der Silvias Opa so gern saß. Sie gab schon eine Menge Schatten – jedenfalls genug, um den Opa an heißen Tagen zu kühlen, wenn er im Schaukelstuhl unter ihren Zweigen saß. Von Jahr zu Jahr war sie gewachsen. Sie war Mutters ganzer Stolz.

Silvia durfte den nächsten Tag nicht auf die Terrasse. Durch das Fenster sah sie, wie das Unkraut in den Ritzen gelb und schlapp wurde.

»Es wirkt schon«, sagte die Mutter zufrieden.

Aber als Silvia am übernächsten Tag, nach einem kräftigen Nachtregen, wieder auf die Terrasse durfte, entdeckte sie, daß auch die Pflanzen auf der Böschung gelb und schlapp wurden. Sie rief die Mutter.

Die beugte sich über die Böschung und sagte »O Gott!«. Dann wurde sie still.

Zwei Wochen später war alles, was auf der Böschung gewachsen war, verdorrt. Tot. Die Erde lag grau und verkrustet da, schrecklich anzusehen. Richtig unheimlich: so ohne das kleinste Unkraut.

»Du bist eine Pflanzenkillerin«, sagte Silvia zur Mutter.

»Sag doch so was nicht!« rief die Mutter und schüttelte Silvia.

»Hab ich dir nicht gesagt, du sollst deine Finger von diesem Teufelszeug lassen?« schimpfte der Opa.

Er war untröstlich, denn die Trauerweide, deren Wurzeln unter der Terrasse entlangliefen, verlor ihre Blätter wie im Herbst, obwohl es erst August war.

Und einen Monat später war auch sie tot. Opa sägte sie ab.

»Jetzt erinnert mich die Terrasse an einen Friedhof«, sagte er und trug seinen Schaukelstuhl unter die Birke neben dem Holzschuppen. Aber die gab noch kaum Schatten.

Die Mutter weinte.

»Nimm's dir doch nicht so zu Herzen«, sagte der Vater. »Pflanz eben einen neuen Baum. Und neue Blumen und Büsche auf die Böschung.«

Die Mutter schüttelte den Kopf. »Hier wächst jetzt lange nichts mehr«, seufzte sie.

Und sie schloß die Tür zur Terrasse und zog den Vorhang zu, damit alle, die sich im Wohnzimmer aufhielten, von diesem Anblick verschont blieben.

Als es schon dunkel wurde, schlich sich Silvia hinaus zur Böschung, kauerte sich nieder und strich über die harte, verkrustete Erde.

»Entschuldige, Erde.« flüsterte sie. »Entschuldigt, ihr Pflanzen alle, die ihr dran gestorben seid. Meine Mutter wird so etwas nie wieder tun. Und auch ich werde solches Gift nie, nie in meinem ganzen Leben gebrauchen. Eher laß ich meinen Garten verunkrauten. Unkraut lebt. Ich bin fürs Leben!«

Dann schlich sie wieder ins Haus. Die Mutter saß im Wohnzimmer – ganz allein. Der Opa war schon zu Bett gegangen, der Vater hatte Nachtschicht. Die Mutter stützte den Kopf in die Hände. Silvia ging zu ihr hin und legte die Arme um ihren Hals.

»Wenn's dir nur leid tut«, flüsterte sie.

Schwarze Pumpe

Beate ist Katrins Freundin, seit Katrins Eltern mit Beates Eltern befreundet sind. Katrin ist in Köln zu Hause, Beate in Spremberg in der Niederlausitz. Dort war früher die DDR. Aber Beate ist nicht in Spremberg geboren, sondern in einem Dorf in der Nähe von Schwarze Pumpe. Dieses Dorf gibt es nicht mehr. Es ist einfach weg. Nein, es gibt auch keine Trümmer zu sehen, nicht einmal mehr eine Stelle auf dem Boden, auf die man zeigen könnte: Hier stand die Kirche, dort die Schule, da unser Haus.

Katrin hat mit ihren Eltern mal drei Urlaubswochen in einem Bauernhof am Edersee verbracht. Der Edersee war nicht schon immer dort, wo er ist. Vor etwa achtzig Jahren, hat Mutti gesagt, ist seine Staumauer gebaut worden. Wo jetzt der See ist, stand mal ein Dorf. In trockenen Sommern kann man es noch in der Tiefe sehen. Dann ragt der Kirchturm sogar aus dem Wasser.

Herr Körber, dem der Hof am See gehört, hat einen Großvater, der ist schon siebenundachtzig Jahre alt und lebt mit auf dem Hof. Opa Körber ist mit Katrin und ihren Eltern im Kahn genau über die

Stelle gefahren, wo das Dorf unterm Wasser steht, hat auf die Schatten in der Tiefe gezeigt und alles erklärt. Denn er ist in diesem Dorf geboren und hat als kleines Kind darin gelebt. Katrin kann sich erinnern, daß er gesagt hat: »Schade, daß ich nicht tauchen kann. Wenn ich's könnte, würde ich da unten in meinem Dorf spazierengehen.«

Beates Dorf ist überhaupt nicht mehr zu besuchen, auch nicht fliegend oder tauchend. Dort, wo es einmal stand, ist ein riesiges Loch in der Landschaft, über zwei Kilometer lang und fast hundert Meter tief. In diesem Loch rattern Bagger, brummen Lastwagen hin und her, fahren Bähnchen mit Loren. Da wird Braunkohle abgegraben. Beates Dorf hat wegmüssen, weil es genau auf der Braunkohle stand.

Braunkohle ist wichtiger als ein Dorf. Die Dorfleute mußten Häuser, Gärten und Felder verlassen, ob sie wollten oder nicht. Sie wurden enteignet und bekamen eine Entschädigung ausgezahlt. Damit konnten sie sich anderswo ein Zuhause einrichten. Beates Eltern sind nach Spremberg gezogen.

Es gibt viele solcher riesigen Löcher in dieser Gegend. Manchmal gerät man dort auf eine Straße, die plötzlich abgesperrt ist, weil sie am Rand eines solchen Lochs endet. Dann muß man eine Umgehung fahren. Katrin hat mit Beate und ihrem Vater mal am Rand so eines Lochs gestanden. Da gibt's keinen Baum, keinen Strauch zu sehen – bis hin zum Horizont. Alles um- und umgewühlt, die reinste Mondlandschaft.

Schon dreimal war Katrin, seit es die DDR nicht mehr gibt, bei Beate in Spremberg auf Besuch. Vorher haben sie sich nur mit ihren Eltern einmal in Ostberlin getroffen. Mit Beate versteht sich Katrin sehr gut. Nur Spremberg findet sie scheußlich. Wie kann man nur in so einer schmutzigen Stadt wohnen? Wenn dort ein Fenster zum Lüften eine Weile offensteht, bekommt man schwarze Finger, wenn man danach über die Möbel streicht. Erika, Beates Mutter, trocknet die Weißwäsche auf dem Dachboden, denn draußen ist im Nu alles rußig. Der Schnee ist dort schwarz, und die Nummernschilder der Autos sind kaum lesbar.

Gleich beim ersten Besuch hat Beate aus dem Giebelfenster gezeigt: »Siehst du dort hinten am Horizont die vielen Schornsteine, Katrin? Das ist Schwarze Pumpe. Dort kommt aller Ruß her.«

Das hat Katrin sehen können, denn aus den Schloten hat es schwarz gequalmt. Der Qualm hat den ganzen Himmel über Schwarze Pumpe verdunkelt. Da hat Katrin fragen müssen: »Was machen die denn dort, daß es so qualmt?«

»Das ist ein Braunkohle-Kombinat mit drei Kraftwerken«, hat ihr Beate erklärt, »und ein paar Brikettfabriken. Auch ein Gaswerk ist da, das schickt Gas zum Kochen und Heizen in die ganze Umgebung und bis an die Ostsee.«

Katrin hat bis zu diesem Augenblick nicht gewußt, was ein Kombinat ist. Und sie hat sich das, was Schwarze Pumpe heißt, wirklich wie eine riesige

schwarze Pumpe vorgestellt. Darüber hat Beate lachen müssen. Schwarze Pumpe ist doch eine kleine Stadt! Und ein Kombinat ist eine Gruppe von Fabriken, die zusammengehören. Die einen verarbeiten das weiter, was die anderen herstellen. Sozusagen eine Fabrikfamilie.

»In Schwarze Pumpe wird alles noch viel schmutziger als hier«, hat Beate hinzugefügt. »Und es stinkt überall. Mein Opi und meine Omi haben dort gewohnt, weil Opi im Kombinat gearbeitet hat. Wenn ich bei ihr im Garten Erdbeeren oder Kirschen gepflückt hab, hat mir Omi streng verboten, sie zu essen, ohne sie vorher zu waschen. Omi war Hebamme. Sie hat immer gesagt, die Babys sind schon eingerußt, bevor sie zum ersten Mal gestillt werden. Und Opi hat mal gemeint, ihn wundert's, daß die Muttermilch in Schwarze Pumpe und drumherum noch weiß ist. Als er dann in Rente ging, sind sie schnell nach Calau gezogen, wo der Ruß aus Schwarze Pumpe nur selten hinweht.«

»Warum habt ihr euch eigentlich nie gegen diesen Schmutz gewehrt?« hat Katrin gefragt, und dabei hat sie auch an den Gestank gedacht. Man vergißt ihn leicht, weil man sich schnell an ihn gewöhnt.

»Gewehrt?« hat Beate erstaunt zurückgefragt. »Gegen so was kann man sich doch nicht wehren. Man kann höchstens flüchten.«

Aber darüber weiß nun Katrin besser Bescheid. Sie war schon öfter mit dabei, wenn ihre Eltern gegen Umweltverschmutzung demonstrierten.

»So einen Dreck würden wir uns nie gefallen lassen«, hat sie gerufen, und Beate hat schnippisch geantwortet: »Ja, *ihr*!«

Danach haben sie über den Ruß nicht mehr gesprochen.

Seit Katrin und ihre Eltern wieder aus Spremberg zurückgekehrt sind, hat Mutti Katrins weiße Bluse schon zweimal gewaschen. Aber sie wird nicht mehr ganz weiß.

»Wie man dort nur leben kann«, sagt sie und schüttelt den Kopf.

Da muß Katrin an Beate denken. Im letzten Sommer war sie ganz allein im Zug nach Köln gekommen. Nach zwei Wochen hatten Katrin und ihre Eltern sie wieder im Auto heimgefahren. Eigentlich hatte Beate drei Wochen bleiben sollen, aber sie hatte so Heimweh bekommen. Spät abends hatten sie sich Spremberg vom Westen her genähert. Durch die Autoscheiben war nichts zu sehen gewesen, nur der Lichtkegel auf der Straße. Aber Beate hatte das Fenster aufgekurbelt, hatte geschnuppert und aufgeregt gesagt: »Ich glaube, wir sind bald da. Es riecht nach daheim.«

Und wie um ganz sicherzugehen, hatte sie sich schnell ein weißes Papiertaschentuch von Katrin reichen lassen, hatte hineingeschneuzt, die Innenbeleuchtung des Wagens angeknipst, unter dem Lämpchen das Taschentuch aufmerksam betrachtet und dann ausgerufen: »Schau her, Katrin, ich hab schon Ruß in der Nase. Wir müssen gleich zu Hause sein!«

Lammermeyers Rötchen

Der Lammermeyer Till ist mein Freund. Mein bester. Außerdem sind die Lammermeyers fast unsere Nachbarn. Sie wohnen nur drei Häuser weiter. Manchmal bin ich mehr drüben bei denen als daheim. Meine Eltern haben nichts dagegen, obwohl's bei den Lammermeyers ganz anders zugeht als bei uns. Vati ist der Meinung, daß man schon von klein auf lernen sollte, wie viele verschiedene Möglichkeiten zu leben es gibt, und Mutti findet die Lammermeyers einfach nett. Der Till ist auch oft bei uns.

Die Lammermeyers haben sich im letzten Herbst ein neues Auto gekauft. Es ist kleiner als der Polo, den sie früher hatten, und trotzdem viel teurer. Und es schafft nur neunzig Stundenkilometer, höchstens fünfundneunzig, wenn's bergab geht.

Mein Vati hat nur den Kopf geschüttelt, als ich's ihm erzählt hab. Und Herr Moll, unser Postbote, hat gemeint, die Lammermeyers haben eine Macke.

Nein, eine Macke haben sie nicht. Rötchen – so hat Till den Wagen genannt, weil er rot ist – braucht nämlich kein Benzin. Keinen einzigen Tropfen. Rötchen fährt mit elektrischem Strom. Deshalb.

Das ist schon komisch, wenn der Motor nur leise summt und keine schmutzigen Wölkchen aus dem Auspuff zischen. Sobald die Lammermeyers ihr Rötchen irgendwo parken, dauert's meistens nicht lange, bis ein paar Leute, alte wie junge, um den Wagen herumstehen und nach dem Auspuff suchen. Dann schütteln sie die Köpfe und verstehen die Welt nicht mehr: Ein Wagen ohne Auspuff – das gibt's doch nicht!

Das gibt's. Lammermeyers Rötchen. Gerade deswegen haben die Lammermeyers ihn gekauft. Es ist ein sauberes Auto, das dem Wald nicht schadet und nicht stinkt und die Ozonlöcher nicht vergrößert. Abends oder zwischen zwei Fahrten kommt's an die Steckdose, da tankt's wieder Energie. Ach ja, das hab ich zu erzählen vergessen: Lammermeyers haben sich zusammen mit dem Auto auch eine Solaranlage gekauft, große, schwarze Platten über die ganze Breite ihres Dachs. Herr Moll findet, daß das scheußlich aussieht, aber meine Eltern meinen, daran könne man sich gewöhnen. Es sei halt ungewöhnlich. Nur über das Auto konnten sie sich lange nicht beruhigen. Das sei ja mehr Ballast als Komfort. Nichts für hektische Zeiten wie diese.

Da ist was dran. Rötchen ist nicht gut im Überholen. Die Mercedes-Fahrer und Porsche-Fahrer, auch die Opel-Kadett-Fahrer und sogar die Polo-Fahrer schütten sich aus vor Lachen, wenn sie an Lammermeyers Rötchen vorüberrauschen. Das tut weh, wenn man im Rötchen sitzt. Ich sitze ja oft mit drin. Tills Vater sagt, da müsse man drüberstehen. Aber manchmal beißt er doch die Zähne zusammen. Und Tills Mutter meint dazu: »Unser Rötchen ist ja noch ein *junges* Elektroauto. Wenn die Elektroautos erst mal eine alte Sache sind, werden sie sehr viel mehr können.«

Schon zweimal war ich dabei, als Rötchen einfach stehenblieb, einmal auf einer Landstraße zwischen zwei Dörfern, das andere Mal mitten auf einer Kreuzung. Rötchen kann ja nur Strom für eine Strecke von fünfzig Kilometer tanken. Danach muß es wieder aufgeladen werden. Fünfzig Kilometer, was ist das schon? Die sind im Nu weg. Lammermeyers alter Polo ist mit einer Tankfüllung dreihundert bis vierhundert Kilometer weit gekommen. Mit dem konnten sie von hier bis zu den Alpen fahren, ohne zwischendurch tanken zu müssen. Da braucht man schon eine Weile, bis man sich vom Polo auf das Rötchen umgestellt hat.

Die erste Panne ist Tills Vater passiert. Als wir ins nächste Dorf gelatscht sind, um jemanden zu finden, der bereit war, das Rötchen abzuschleppen, bekamen wir allerhand Häme zu hören. Und als wir schließlich den Wagen im Dorf hatten, wollte uns niemand erlauben, Rötchens Stecker in seine Steckdose zu stecken, obwohl Tills Vater mit einem Zehnmarkschein wedelte und beteuerte, er würde selbstverständlich den Strom bezahlen. Die Männer, die um Rötchen herumstanden, rissen Witze, und eine Frau strich Till und mir über den Kopf, als seien wir arme Zigeunerkinder. Sogar eine Herde von Kindergartenknirpsen lachte uns aus.

Das andere Mal, auf der Kreuzung, war's noch schlimmer. Da hatte Tills Mutter nicht aufgepaßt. Da gab's ein bißchen Kuddelmuddel, bis wir den Wagen auf die Seite geschoben hatten. Genauer gesagt, einen ziemlichen Stau. Und Tills Mutter mußte sich »Müslihenne« und »Grüne Neandertalerin« nennen lassen, und den Vogel bekam sie auch gezeigt. Nur ein junger Mann ist ausgestiegen und hat uns mit schieben geholfen. Wenn ich ehrlich bin, muß ich gestehen, daß ich lieber nicht dabeigewesen wäre. Till war auch sehr schweigsam während dieses ganzen Manövers.

»Da heißt es cool bleiben, Kinder«, sagte seine Mutter und lachte. »Kopf hoch! Wir brauchen uns nicht zu schämen.«

Rötchen und die Solaranlage waren so teuer, daß Lammermeyers ihren nächsten Sommerurlaub streichen mußten. Mit Rötchen können die Lammermeyers auch nicht einfach mal so losbrausen, wenn ihnen gerade nach einer Fahrt ins Blaue zumute ist. Mit Rötchen würde eine Fahrt in die Alpen ein paar Tage dauern. Und wer Rötchen fährt, kann nicht damit angeben, was er alles an einem Tag abgehakt hat und wie schnell er gedüst ist.

Trotzdem: Ich fahr weiter mit den Lammermeyers im Rötchen. Weil ich sie mag. Ich find's toll, daß sie's schaffen, anders zu sein als die meisten anderen. Mit ihnen zusammen wird's oft richtig abenteuerlich. Zum Beispiel im Rötchen. Und ich hab gemerkt, daß sich die Lammermeyers von Woche zu Woche mehr an das Abenteuer Rötchen gewöhnen. Ich auch. »Die anderen untertrumpfen«, nennt das Tills Vater. Till und ich schauen jetzt immer denen, die uns überholen, freundlich ins Gesicht, wenn sie uns auslachen, und winken ihnen. Einmal hat uns eine Beifahrerin wütend zugerufen: »Protzt doch nicht so mit eurem reinen Gewissen!«

Übrigens ist Mutti vorgestern auch mal mitgefahren. Ich hab mich auf allerlei gefaßt gemacht, denn sie ist ja unseren Audi 200 gewöhnt und hat einen Hang zum Rasen. Aber sie fand's richtig gemütlich – »zusammengefaltet«, wie sie's nannte –, im Siebzig-Stundenkilometer-Spartempo durch die Landschaft zu rollen.

»Natürlich nur, wenn man Zeit genug hat«, meinte sie. »Vielleicht ist die nächste Generation Elektroautos schon ein bißchen schneller und kann mehr Strom speichern. Dann kauf ich mir so ein Rötchen als Zweitwagen . . .«

Mit Mutti im Rötchen, das war so aufregend, daß uns – Tills Vater, Till und mir – fast wieder so eine Panne passiert wäre! Aber jetzt haben wir uns alle vorgenommen, immer mal einen Blick auf die Ladekontrollanzeige zu werfen. Auch Mutti. Denn am nächsten autofreien Sonntag darf sie das Rötchen ausborgen. Der letzte autofreie Sonntag war vor zwanzig Jahren. Da wurde das Benzin knapp, und einen ganzen Sonntag lang durften keine Benzinautos fahren. Da haben nicht nur die Kinder, sondern auch die Erwachsenen auf den verkehrsreichsten Straßen Fußball und Völkerball gespielt. Meine Oma erzählt manchmal davon. Dann bekommt sie ein ganz verklärtes Gesicht: »War *das* schön!«

Der nächste autofreie Sonntag kommt bestimmt. Vielleicht sehr bald. Aber Elektroautos dürfen dann fahren.

Flucht

(frei nach Goethes
Osterspaziergang)

Kehre dich um, von diesen Höhen
Nach der Stadt zurückzusehen.
Aus dem hohlen, finsteren Tor
Dringt ein buntes Gewimmel hervor.
Aus niedriger Häuser dumpfen Gemächern,
Aus dem Druck von Giebeln und Dächern,
Aus der Straßen quetschender Enge
Quillt die Bevölk'rung in wildem Gedränge.
Sieh nur, sieh! wie behend sich die Menge
Durch die Gärten und Felder schlägt,
Wie auf der Autobahn ganzer Länge
Gar bald im Stau sich nichts mehr bewegt,
Und bis zum Sinken überladen
Entfernt auf dem Fluß sich der letzte Kahn.
Selbst von verbotenen Trampelpfaden
Blinken uns farbige Kleider an.
In Panik schreit der ganze Schwarm:
»Das war ein ABC-Alarm!«

Der tote Ast vom Apfelbaum

Wenn mein Ururgroßvater seinen großen Apfelbaum abgeerntet hat, muß es immer sehr feierlich zugegangen sein. Jeden einzelnen Apfel hat er behutsam so lange gedreht, bis er sich vom Zweig gelöst hat. Besonders schöne Äpfel polierte er und zeigte sie stolz herum. Die ganze Familie hat bei der Apfelernte mitgeholfen, und wehe, wenn einer einen Apfel fallen ließ oder einen winzigen Zweig aus Versehen knickte! Meine Großmutter, damals erst acht oder neun Jahre alt, durfte ihrem Großvater die gepflückten Äpfel abnehmen und mußte sie vorsichtig nebeneinander in die Kiste legen. Auf dem Apfelbaum hat der Alte niemanden herumklettern lassen. Der war tabu. Komisch, nicht wahr? Ein Apfelbaum ist doch nur ein Apfelbaum, sonst nichts. Und wenn er sich gut zum Klettern eignet, warum soll man dann nicht auf ihm herumklettern?

Natürlich hab ich meinen Ururgroßvater nicht selber gekannt. Was ich von ihm weiß, hab ich von meiner Großmutter. Und seinen Apfelbaum gibt es auch schon lange nicht mehr. Aber in unserem Garten steht auch wieder ein großer Apfelbaum, ideal zum Klettern. Jedes Jahr im Frühling und Sommer, wenn ich mit meinen Freunden auf ihm herumturne, kommt meine Großmutter aus dem Haus gelaufen und jammert: »Runter, ihr Buben, ihr knickt ja die Fruchtzweige!«

Fruchtzweige – was immer das sein mag. Na und? Unsere Äpfel mag ich nicht. Sie sind grün, machen nichts her und schmecken so säuerlich. Im Supermarkt gibt's schönere und süßere Äpfel zu kaufen. Die Großmutter soll sich nicht so haben.

Im letzten Juni, als wir zu fünft im Baum herumtobten, brach der größte Ast ab, voll mit winzigen grünen Äpfeln. Wir plumpsten ins Gras, rappelten uns auf und lachten uns schief. Nur der Ast blieb liegen. Die Großmutter hatte das Krachen wohl gehört. Jedenfalls kam sie aus dem Haus gestürzt, beugte sich über den Ast und weinte, als sei's ein Toter.

Damit hat sie mich ganz durcheinandergebracht. Ich hab sie doch gern! Geweint hat sie. Warum nur? Über einen Ast.

Der Junge und die Möwen

Nach einer stürmischen Nacht erwachte der Junge spät. Seine Mutter war schon zur Arbeit gegangen. Er war allein. Die Uhr tickte drüben im Wohnzimmer. Samstag. Noch waren Ferien. Er konnte aufstehen oder weiterschlafen, wie er wollte. Bis um elf war noch lange Zeit. Um elf begann der Flohmarkt auf der Promenade. Den wollte er sich anschauen. Auf Flohmärkten streunte er für sein Leben gern herum.

Er sprang aus dem Bett, wusch sich, zog sich an, trank ein paar Schlucke Milch, ohne sich die Zeit zu nehmen, sie aus der Packung in ein Glas zu gießen, stopfte sich ein Brötchen in die Hosentasche, nahm sein neues Segelschiff, das er erst am vergangenen Abend fertiggebastelt hatte, und lief hinaus auf den Deich.

Es blies ein sehr kühler Wind. Der Nachtsturm hatte die Hitze des vergangenen Tages fortgeweht. Auf dem Meer tanzten noch hier und da kleine Schaumkleckse. Der Strand war fast leer. Nur zwei Frauen und ein Mann standen beisammen und beugten sich über etwas, das im Sand lag. Der höchste Stand der Flut war schon vorüber. Die drei Leute schienen zu betrachten, was das Meer an den Strand geschwemmt und da zurückgelassen hatte.

Der Junge lief über die Deichböschung hinunter und über den weiten Strand auf die Leute zu. Als er sich ihnen näherte, erkannte er, was da am Boden lag: eine Möwe. Ihr Gefieder war von einer zähen, schwarzbraunen Masse verklebt.

»Öl«, sagte der Mann. »Armes Ding!«

Die Möwe lebte noch. Sie wandte den Kopf hin und her und versuchte mit den Flügeln zu schlagen. Aber das Öl war zäh, es gelangen ihr nur ein paar mühselige Bewegungen. Der Junge kauerte sich nieder, legte das Segelschiff neben sich in den Sand und schaute der Möwe in das Auge, das sie ihm zuwandte. Es war rund und dunkel.

»Da muß man doch was tun«, sagte er verstört.

»Das klebt in den Federn wie Uhu«, sagte die jüngere der beiden Frauen. »Die Möwe ist viel zu verschmutzt, als daß du sie noch retten könntest.«

»Wenn du sie wegtragen wolltest, würde sie um sich schlagen«, meinte die ältere Frau. »Du würdest über und über schmutzig werden. Ich hab's auch mal versucht. Die Ölflecken hab ich noch jetzt in der Bluse. Von deiner Mutter bekämst du was zu hören!«

»Verdammtes Öl!« sagte der Mann.

Während sich der Junge über die Möwe beugte, hörte er, wie sich die Großen über den Tanker unterhielten, der im Sturm mit einem Frachter zusammengestoßen war und nun leck weit draußen geankert hatte und ausgepumpt wurde.

Dann gingen sie weg, barfuß, die Schuhe in der Hand. Der Junge hörte noch, wie sie beschlossen, an diesem Morgen keine Strandwanderung zu unternehmen, wegen des Öls, das vielleicht mit der Flut angeschwemmt worden war. Sie stiegen auf den Deich und spazierten davon. Der Mann spähte durch ein Fernglas noch ein paarmal zu dem Jungen und der Möwe zurück.

Als der Junge sie nicht mehr sehen konnte, hob er die Möwe auf. Sie hatte Angst und schlug mit den Flügeln. Sie war so groß, daß er kaum mit ihr fertig wurde. Sie beschmierte sein Hemd, seine Hose, sogar sein Gesicht mit Öl, aber er ließ sie nicht wieder los, so sehr sie sich auch wehrte. Erschöpft gab sie auf. Während er sie nach Hause trug, spürte er ihr Herz pochen.

Er setzte sie auf den Rasen vor der Terrasse. Als sie versuchte, davonzutrippeln, fiel sie um. Hastig holte er das grüne Plastikwännchen aus dem Keller, füllte es unter dem Badewannenhahn mit lauwarmem Wasser, spritzte ein paar Tropfen Spülmittel hinein und trug es hinaus zur Möwe.

Die wehrte sich nur noch schwach, als er sie aufhob und in das Wasser setzte. Vergeblich versuchte er, ihr mit den Fingern das Öl aus dem Gefieder zu waschen. Da holte er Nagelbürste und Seife aus dem Badezimmer, seifte sie ein und bürstete sie vorsichtig ab. Seife und Bürste wurden schwarz, die Möwe blieb es auch. Schlapp lag sie in seinen Armen, als er sie aus dem Wännchen hob und mit dem neuen

Handtuch abtrocknete, das seine Mutter zum Geburtstag von Tante Ute geschenkt bekommen hatte. Aber für die Möwe war nichts zu schade, und es blieb dem Jungen auch keine Zeit zu überlegen, was seine Mutter zu dem verschmutzten Handtuch sagen würde.

»Erhol dich jetzt, Möwe!« sagte er und setzte sie auf den Rasen.

Er nahm sein Brötchen aus der Hosentasche, lief damit in die Küche, zerriß es in kleine Stücke. Die legte er auf einen Nachtischteller und goß Milch darüber. Den Teller schob er der Möwe unter den Schnabel. Aber sie lag mit ausgebreiteten Flügeln im Gras und rührte sich kaum mehr. Nur ihre Füße zuckten noch.

»Iß, Möwe!« sagte er leise. »Du mußt doch leben.«

Er hob ihren Kopf und streichelte ihn behutsam mit der Fingerspitze.

»Möwe«, flüsterte er, »bitte stirb nicht!«

Da rief jemand vom Deich herüber. Es war der Mann mit dem Fernglas, und die beiden Frauen standen neben ihm.

»Tatsächlich, er hat sie heraufgeholt«, hörte der Junge die eine Frau sagen.

»Hör mal«, rief ihm der Mann zu, »du hast dein Segelschiff am Strand vergessen. Ich hab's mit dem Fernglas entdeckt. Wenn du's nicht bald holst, holt sich's jemand anderer.«

Der Junge erschrak. Das Segelschiff hatte er ganz vergessen. Sein schönes Schiff! Hastig bettete er den

Kopf der Möwe auf eine Ecke des Handtuchs und lief die Deichböschung hinauf. Die drei Leute schauten ihm zu, wie er zum Strand hinunterrannte, sein Segelschiff holte und keuchend auf den Deich zurückkehrte.

»Na, was macht sie, deine Möwe?« fragte die jüngere Frau.

»Sie lebt«, antwortete der Junge.

»Verlaß dich drauf, sie wird eingehen«, sagte der Mann. »Das überleben die nicht.«

»Ich hab sie gewaschen«, sagte der Junge.

»Doch nicht etwa mit Seife?« fragte die ältere Frau. »Weißt du nicht, daß die Federn von Schwimmvögeln von Natur aus eingefettet sind? Seife löst das Fett. Dann geht das Tier unter.«

Der Junge sah die Frau bestürzt an. Die jüngere Frau warf der älteren einen vorwurfsvollen Blick zu.

»Ach, Kind«, sagte der Mann, »deine Möwe ist nicht die einzige, die's erwischt hat. Dort hinten liegt mindestens noch ein Dutzend.«

»Warum sagst du ihm das!« fuhr ihn die jüngere Frau zornig an.

»Also dann auf Wiedersehen, Kind«, sagte der Mann. »Mit Seife oder ohne, deine Möwe ist verloren. Nimm's nicht zu tragisch. So ist das Leben nun einmal. Am besten, man schaut weg.«

Damit ging der Mann weiter, und die zwei Frauen lächelten, nickten und folgten ihm. Der Junge lief zum Haus hinunter und beugte sich über die Möwe. Sie war tot.

Da schleuderte er das Segelboot auf den Rasen und trampelte darauf herum, bis es in Stücke zerbrach. Dann breitete er hastig das Handtuch über die Möwe, lief hinüber zur Garage, die offenstand, und zog den hölzernen Bollerwagen heraus, der noch von seiner Großmutter stammte. Er zog ihn auf den Deich hinauf und wanderte in die Richtung, aus der die drei Leute zurückgekommen waren. Sein Haar wehte. Wolken trieben über den Himmel. Die Sicht war sehr klar, und er hatte gute Augen.

Schon von weitem sah er sie im Sand liegen: Es waren genau dreizehn. Ein großer gelber Hund machte sich an ihnen zu schaffen. Der Junge sauste über die Böschung hinunter und verscheuchte ihn. Dann lud er die Möwen auf seinen Wagen. Alle dreizehn waren ölverklebt, und zwölf von ihnen waren tot. Die dreizehnte bewegte noch mühsam den Kopf. Er trug sie auf dem Arm, während er den vollen Wagen über den Strand zog. Sanft drückte er sie gegen seine Brust und fühlte ihre Wärme. Aber noch ehe er den Deich erreicht hatte, fiel ihr Kopf zur Seite, und sie starb.

»Nein«, jammerte er leise und zog die Nase hoch. Mit dem schmutzigen Arm wischte er sich über die Augen. Als er das tote Tier zu den anderen auf den Wagen legen wollte, weil er beide Hände brauchte, um die schwere Last die Böschung hinaufzuziehen, hatte er seine Mühe mit ihm: Es war an seiner Brust festgeklebt. Hemd und Federn waren eine einzige zähe Schmiere. Er mußte an der Möwe ziehen, bis er sie endlich loskriegte. Das tat ihm weh – obwohl er wußte, daß sie nichts mehr spürte.

Daheim angekommen, legte er auch die erste Möwe auf den Wagen und breitete das große Handtuch darüber. So schmutzig, wie er nun war, wagte er kaum, in sein Zimmer zu schleichen. Aber er brauchte dringend seine Stehtafel. Er konnte nicht vermeiden, daß sie etwas ölig wurde, als er sie hinaustrug. Aber sie war ja schwarz, da fiel es nicht so auf, wenn sie schmutzig war. Er legte sie auf den Wagen, band sie fest und steckte sich noch ein paar Kreidestücke in die Hosentasche.

Jetzt blieb ihm nur noch eines zu tun: Er ging auf Zehenspitzen in das Zimmer seiner Mutter, öffnete vorsichtig den Wäscheschrank und zog ein weißes Tischtuch heraus. Für die armen Möwen war das Beste gerade gut genug, und wenn seine Mutter schimpfen sollte, würde er das eben durchstehen müssen.

Er fischte eine Plastiktüte aus dem Schrank im Flur, schob das zusammengefaltete Tuch hinein, legte die Tüte zu den Möwen in den Wagen. Die Haustür sperrte er mit dem Schlüssel zu, den er immer an einem Bändchen um den Hals hängen hatte. Dann zog er mit dem Wagen davon, in Richtung Promenade.

Dort war der Flohmarkt schon in vollem Gang. Kauflustige und Neugierige drängten sich um die Tische, schoben sich an den Ständen vorbei. Der Junge erregte Aufsehen, als er, ölverschmiert bis in

die Haare, seinen Wagen durch das Spalier der Tische und Stände zog.

»Wie siehst du denn aus!« rief ein kleiner Dicker, der in dieselbe Klasse ging und hier seine alten Bilderbücher verkaufte.

Der Junge antwortete nicht. Er suchte einen freien Platz, fand ihn, wischte sich die Hände an seiner Hose ab, band die Tafel los, stellte sie auf und schrieb mit seinen Kreidestückchen darauf:

SCHAUD OICH DAS AN UND SEIT TRAURIK!

Der Junge hatte gerade mal das erste Schuljahr hinter sich.

Vor der Tafel breitete er das blütenweiße, gemangelte Tischtuch auf dem Boden aus. Während er den Wagen hinter die große Tafel zog, blieben schon die ersten Passanten vor dem Tuch stehen, betrachteten es erwartungsvoll und lasen den Text auf der Tafel.

»Wir schauen schon«, sagte ein dicker Mann. »Aber wir sehen noch nichts.«

Alle lachten.

Der Junge zog das Handtuch von den Toten und legte eine Möwe nach der anderen sehr behutsam, ja zärtlich auf das weiße Tuch, zwei Reihen zu je sieben. Vierzehn Möwen, gestorben im Öl.

Jetzt lachte niemand mehr.

»Wissen deine Eltern, was du hier machst?« fragte eine junge Frau.

Der Junge schüttelte den Kopf.

»Willst du die verkaufen?« fragte ein Kind.

Der Junge schüttelte den Kopf.

»Mein Gott!« sagte eine alte Frau. »Was für eine Welt...«

»Recht hat er«, sagte ein junger Mann mit einem Cellokasten. Die junge Frau schneuzte sich.

»Man sollte doch Knirpse aus so was heraushalten«, schimpfte eine Frau mit Hut. »Kinder brauchen eine heile Welt!«

»Können Sie mir verraten, wo's noch eine heile Welt gibt?« antwortete ihr der junge Mann.

Der Junge verstand nicht, wovon sie sprachen. Immer mehr Leute drängten sich vor seinen Möwen.

»Das ist ein Fall für die Polizei«, hörte er jemanden unter ihnen sagen. Er spürte, wie sein Herz zu klopfen begann. Er schaute hinüber zur Ladenzeile am Ende der Promenade. Dort drüben, die kleine Boutique, die gehörte seiner Mutter, und dort war sie drin. Er brauchte nur hinzulaufen und sie zu rufen, da würde sie kommen. Aber er lief nicht und rief nicht.

»Bist du nicht der Kleine von der Boutique CECILLE?« fragte ihn eine Frau mit einem Henkelkorb am Arm.

Der Junge nickte.

»Nicht nur die Möwen verrecken im Dreck«, sagte der junge Mann mit dem Cellokasten zu der Frau mit Hut. »Alles Leben ersticken wir mit unserem Müll, auch uns selbst – und Sie verlangen, daß die Kinder dabei glücklich sind!«

»He«, rief jemand, der die Möwen nicht sehen konnte, von weiter hinten, »was gibt's denn hier Billiges?«

»Ist ja schon gut, Kind«, sagte ein schnauzbärtiger Alter. »Wir versprechen dir, traurig zu sein. Aber nur, wenn du jetzt ganz schnell einpackst und heimfährst.«

Der Junge schüttelte den Kopf.

»Der ist von daheim programmiert«, sagte der Alte und ging weg.

Plötzlich drängte sich ein Polizist durch die Menge. Er beugte sich über die Möwen und sah den Jungen an. Von oben herunter, weil er so groß war.

»Hat dich jemand hierhergeschickt?« fragte er.

Der Junge schüttelte den Kopf.

»Hast du diese Tiere allein eingesammelt?«

Der Junge nickte.

»Hier kannst du nicht bleiben«, sagte der Polizist. »Ich helfe dir jetzt, die Möwen auf den Wagen zu laden, und dann fahren wir ihn zusammen weg, ja?«

Und schon faßte er eine Möwe an einem Bein und schleuderte sie in den Bollerwagen.

Da fing der Junge an zu schreien. Er schrie spitz und schrill, packte die Hand des Polizisten und hielt sie fest, so sehr sich der auch bemühte, sich zu befreien. Er schrie und schrie, es klang ganz entsetzlich. Die Menge vor dem weißen Tischtuch verstummte.

»O nein«, sagte jemand leise.

Eine junge, elegant gekleidete Frau drängte sich

durch die Gaffer, fiel fast auf die Möwen, schob den Polizisten beiseite und riß den Jungen an sich.

»Aber Junge«, flüsterte sie, »mein Junge ...«

Da ließ er sich in ihre Arme fallen und begann laut zu weinen.

Kinder unterm Rauch

Ein paar Hütten stehen auf dem Uferhang. Zwischen ihnen palavern Männer aufgeregt, rudern mit den Armen, deuten nach Süden, schauen besorgt zum Himmel. Frauen packen weinend dies und das zusammen, packen wieder aus, beratschlagen nervös, packen von neuem.

Es ist ein warmer, strahlender Sonnentag. Trotzdem werfen die Hütten keine Schatten. Es herrscht eine Düsternis, wie man sie nur aus Alpträumen kennt. Denn breit über den Himmel wälzen sich schwarze Wolken. Keine Regenwolken. Es ist Qualm. Vogelschwärme flüchten verstört.

»Mutter«, fragt ein kleines mageres Mädchen angstvoll, »was ist das?«

»Krieg«, antwortet die Mutter kurz und wendet sich wieder dem Kleiderbündel zu, das sie verschnürt. »Laß mich, ich hab keine Zeit.«

»Vater«, sagt ein kleiner struppiger Junge und zupft einen Mann an der Hose, der mit anderen zusammen hastig einen Karren repariert, »was brennt da?«

»Öl«, antwortet der Vater und schubst den Jungen zur Seite. »Steh mir nicht im Weg!«

Ein älteres Mädchen, das schon ein Kopftuch trägt, fragt seinen Großvater: »Wird der Krieg auch hierherkommen?«

»Er ist schon da«, antwortet der Alte. »Siehst du nicht, daß es Asche vom Himmel regnet? Unsere Ziegen werden Asche fressen müssen. Wir alle werden Asche fressen müssen! Rund um die Welt wird man in Asche waten!«

»Aber wie kann man dann leben?« fragt das Mädchen.

Der Großvater wackelt nur noch mit dem Kopf und weint.

»Vater«, heult ein kleiner dickbäuchiger Nackedei, »mach den Rauch vom Himmel weg!«

Der Vater betrachtet verzweifelt seine drei Ziegen und lacht bitter: »Ha, wenn ich das könnte!«

Ein Lockenkopf in einem roten T-Shirt bedrängt seine Mutter, die einen schreienden Säugling vergeblich zu stillen versucht: »Werden wir flüchten?«

»Was weiß ich?« fährt sie ihn an. »Frag den Vater!«

Aber der hebt nur ratlos die Schultern.

Da suchen die Kinder Zuflucht bei den Kindern. Es ist eine kleine Schar, nicht mehr als ein Dutzend, das jüngste drei, das älteste zwölf Jahre alt. Und drei Hunde gesellen sich dazu. Sie jaulen jämmerlich. Hunde und Kinder drängen sich aneinander, Angst in den Augen. Der Nackedei weint. Die mit dem Kopftuch nimmt ihn auf den Arm und streichelt ihn.

»Kommt«, sagt sie zu den anderen, »wir gehen hinunter zum Wasser. Dort sind wir am sichersten.«

Sie laufen den Hang hinunter und setzen sich auf eine lange Felsplatte, auf der sonst die Wäscherinnen knien. Sie nehmen die Jüngsten in die Mitte und sitzen dicht an dicht, eng umschlungen.

»Wer macht das?« fragt eine kleine Rotznasige und zeigt mit dem Kinn in die Richtung, aus der der Rauch kommt. Der mit dem roten T-Shirt weiß nur eins: Kinder sind es bestimmt nicht. Also können es nur Erwachsene sein.

»Und warum?« fragt der Struppige.

Der mit dem roten T-Shirt denkt an die Raufereien zwischen Jungen und meint nachdenklich: »Ich glaube, es geht immer darum, wer das Sagen hat.«

»Wird jetzt die ganze Welt zu brennen anfangen?« fragt die kleine Rotznasige.

»Das nicht«, sagt die mit dem Kopftuch und putzt der Rotznasigen die Nase. »Aber der Rauch wird überall hinziehen, rund um die Welt, und wird die Sonne nicht durchlassen, und in den Lungen wird Asche sein und in der Milch und im Brot.«

»Damit kann man fertig werden«, meint der mit dem roten T-Shirt. »Man muß eben husten und spucken, bis man die Asche wieder los ist.«

»Aber wenn die Welt *doch* brennt?« fragt der Struppige. »Dann verbrennen auch wir.«

»Wir sind doch hier am Wasser«, erklärt die mit dem Kopftuch. »Wasser brennt nicht.«

»Aber warum packen die dann?« fragt die kleine Magere und zeigt hinauf zu den Hütten.

»Weil Krieg mehr als Feuer ist«, sagt der mit dem roten T-Shirt.

Da rücken die Kinder noch dichter zusammen und starren hinauf in den Qualm, der den Himmel verdunkelt und den Mittag zum Abend macht.

»So viel Rauch«, sagt der Struppige. »Das müssen Flammen bis zum Himmel sein. Die halbe Welt brennt sicher schon. Zum Glück sind wir auf der anderen Hälfte.«

Der mit dem roten T-Shirt spuckt ins Wasser. Er weiß es besser, aber er zieht es vor zu schweigen.

»Was wohl Allah dazu sagt?« meint die Magere.

»Allah ist groß«, sagt die mit dem Kopftuch.

Wir denken nicht daran!

O nein, ich denke nicht daran,
kleinmütig aufzugeben!
Ich blas den Funken Hoffnung an
und wehr der Angst, so gut ich kann,
und kämpfe zäh
um jede Handbreit, jede Spur von Leben.

O nein, wir denken nicht daran,
kleinmütig aufzugeben!
Du bläst den Funken Hoffnung an,
ich wehr der Angst, so gut ich kann:
Gemeinsam, trotzig
verteidigen wir zäh das Wunder Leben ...